四川长宁—威远地区页岩动态力学特征

杨国梁　毕京九　著

应急管理出版社

· 北 京 ·

内 容 提 要

本书介绍了四川长宁—威远地区页岩的动态力学特征。书中采用分离式霍普金森压杆（SHPB）系统、高速摄影系统及相关装置，对含层理页岩在冲击荷载作用下的强度特征、变形机理、能量耗散、宏观断裂过程及微观断裂机理进行研究，并阐述了页岩在温度、围压耦合条件下的动力学特性，揭示了页岩的动态断裂机理以及层理效应，得到了多场因素对页岩动态力学特征的影响规律，形成了页岩基础动力学特征的理论框架。

本书可供从事页岩气开采领域的科技工作者、相关专业的院校师生参考阅读，同时还可为从事岩石动力学研究的科技工作者借鉴使用。

前　　言

页岩气是未来能源的重要组成部分，全球页岩气可采资源量约为 2×10^{12} m³，我国海相页岩气储量居全球第 1 位。页岩气的开采涉及破裂和收集运输两个关键过程。如何实现 2000 m 以下页岩内部网状裂纹的形成，同时将孔洞、缝隙中的游离、吸附气体进行高效收集，涉及诸多力学核心问题。

储层改造技术是页岩气开采的重要手段，储层压裂的效果，严重制约着页岩气的产量。随着压裂技术的发展，页岩动力压裂技术有望成为一种新的有效增产技术，如通过液体火药高能气体压裂等，为高效致裂页岩提供了一种新的思路，但动力压裂技术的开展，需要全面且深入地对页岩的动态力学特性进行研究。

《四川长宁—威远地区页岩动态力学特征》是通过现有的动力学研究手段，以我国页岩气主产区四川长宁—威远地区页岩为研究对象，通过相关动力学试验测试系统，分析页岩的断裂破坏机理和层理效应，研究不同层理角度页岩在多种应力场条件下的动态力学特征。通过页岩的动态单轴压缩、劈裂试验，得到了不同应变率下的页岩抗压、抗拉强度。通过数字图像相关试验技术，揭示了不同加载角度页岩的裂纹起裂—扩展规律，获得了不同加载率下的裂纹的动态起裂韧度和动态扩展韧度。通过主、被动围压系统，研究分析了围压条件下的页岩动态压缩性能。通过设置不同温度梯度，研究分析了不同温度场条件下的页岩动态力学特征。借助 SEM 扫描电镜系统，从微观角度对页岩的断裂机理进行了分析研究，完善页岩的动态断裂理论。

本书课题组致力于页岩动力压裂理论与技术的科研工作，凝聚了近五年的研究成果，较为全面地形成了页岩的基础动力学特征框架，填补了国内相关研究的空白，以期为页岩气动力开采技术提供基础的理论支撑。

本书研究得到了国家自然基金重点项目（51934001）等基金的资助。

在本书出版之际，作者对被引用文献的作者、给予课题指导帮助的专家表示衷心的感谢和诚挚的敬意，同时感谢课题研究的参与者硕士研究生程帅杰、马立碾、李旭光、刘杰对本书作出的贡献。

由于作者水平有限，书中难免存在不准确或不妥之处，恳请读者批评指正。

作　者
2021 年 3 月

目　　次

1 绪 论

1.1 页岩动力学特性研究的意义

在人类发展的历史中，能源是推进文明发展的根本动力，但能源的开采和发展也伴随着环境的污染，因此开发使用清洁能源成为文明社会的一大命题，也是可持续发展的重要环节。从能源的发展历程来看，人类从伐木取火到化石能源的开采使用，以及现代核能、风能、太阳能等清洁能源的发展，可见人类对清洁能源的需求与探索。但化石能源仍是现代能源消耗体系中最重要的一环，化石能源的日益枯竭给经济、社会造成了巨大挑战。在满足能源清洁化的要求下同时替代传统化石能源的消耗，这就需要对能源消费结构做出调整。

目前，天然气在能源消费结构中所占的比重越来越大，作为一种清洁能源，其储量大，使用方便，成为传统化石能源的理想替代能源。但我国的能源消费体量大，对外依存度高，需要大量进口国外能源，这也成为制约我国经济发展的一大瓶颈。开采天然气等战略资源，不仅是经济发展、能源清洁化的要求，更是保障我国能源安全的重要手段。在北美页岩气革命以后，美国打破俄罗斯垄断成为世界重要的天然气产出国，以美国为鉴，大力开发页岩气是我国保持经济发展，维护自身能源安全的一大出路。自四川威远第一口页岩气井开始，我国工程技术人员在页岩气开发领域进行了大量探索。与美国在页岩气开发领域的成熟技术相比，我国在页岩气领域尚属起步阶段，并且页岩气开发受到埋深大、地质产状复杂的影响，页岩气商业开发仍面临诸多挑战，因此需要工程科技人员的进一步研究，完善我国页岩气开发理论。

储层改造技术是页岩气开发的重要手段，储层压裂效果严重制约页岩气的产量。随着压裂技术的发展，页岩动力压裂技术有望成为一种新的有效增产手段，如液体火药高能气体压裂等新技术，揭示页岩在冲击载荷下的动态力学行为是实现动力压裂抽采页岩气的关键。

1.2 国内外研究现状

1.2.1 岩石动力学研究现状

岩石在冲击荷载作用下的破坏强度和力学性质，是岩石动力学中最基本、最关键的研究课题。岩石的动态力学特性是一个复杂的难题，这其中涉及多方面的问题，如岩石材料结构特性、冲击荷载作用性质、岩石破碎能量等。对于这些方面的研究，国内外现在处于高速的发展阶段，在这些方面开展研究，一方面有利于将物理学、岩石力学、动力学及其他的相关学科串联起来，形成一个互为支撑的综合性学科领域；另一方面通过试验，能够将理论用于指导实践，这对实际工程也具有十分重要的意义。

岩石的动态力学性质在采矿、岩石开挖岩石工程中应用广泛。在这些工程中岩石受到的是从低到高的不同应变率的动态荷载。目前国内外有许多的实验仪器可以进行动态力学性能测试，主要包括落锤系统、分离式霍普金森杆、轻气炮系统，可以实现不同的应变率加载，其中的分离式霍普金森杆系统成为目前主要的研究手段。

1872 年，Hopkinson J 通过铁丝的冲击拉伸试验，揭示了冲击动力学中的应变率效应。1914 年，Hopkinson B 设计了一种实测冲击载荷随时间变化的实际波形的装置，这在当时的试验测试技术方面是一种创新。1948 年，Davies 对以上技术做出了改进，研究了压力波形在杆中的传播规律，并进行了电学测试方面的改进。1949 年，Kolsky 通过将冲击试样放于两杆之间，测得材料的应力-应变曲线，这就逐步发展成为现在的分离式霍普金森杆，简称 SHPB。SHPB 是冲击动力学中用来研究材料动态力学性能的最基本手段。由于岩石材料的非均匀性、非连续性，为了研究岩石的动态力学性能，就引入了霍普金森杆。Frew 等利用 SHPB 装置研究了岩石等脆性材料的动态应力-应变关系。李丹、戚伟伟、王艳华利用 SHPB 压杆对花岗岩试件进行了多组冲击加载试验，得到多组高应变率下的波形曲线，从而得到结论：随着应变率的提高，花岗岩试件的峰值应力和应变、耗散能均随着应变率的增加而增加，它们之间表现出一定的指数函数和幂函数的关系。翟越、马国伟等利用改进的 SHPB 装置，对新加坡 Bukit Timah 地区的花岗岩试样进行了不同应变率下的单轴冲击压缩试验，结果表明：随着应变率的增加，花岗岩的动态抗压强度增大，与此同时，花岗岩的破碎程度也随之提高，碎块的尺寸减小和数量增加。吕晓聪、许金余等利用带有围压装置的霍普金森压杆系统研究了砂岩在不同围压、不同应变率下的动态力学性能，对砂岩在有围压时冲击荷载循环作用下的力学特性进行了分析，试验表明：在围压作用下，砂岩具有明显的脆性-延性转化特征，应力-应变曲线有明显的屈服台阶，表现出的一定弹塑性特征。量相同的入射波作用时，砂岩试样在高围压下比在低围压的比能量吸收值小，且砂岩的比能量吸收值、入射波能量和围压三者具有良好的规律性。武宇、刘殿书等利用霍普金森杆研究了石灰岩在低速冲击下的动态损伤力学特性，试验发现：石灰岩具有一定的应变率效应和波长效应，并提出了适合于低速冲击的石灰岩损伤计算模型。平琦、马芹永等利用变截面分离式霍普金森压杆研究煤矿砂岩在高应变率下的动态拉伸性能，通过改变冲击气压，实施 6 种不同加载率下砂岩的动态劈裂试验，试验结果表明：砂岩试样的动态劈裂破坏形式满足巴西圆盘试验的有效性，试样内部径向应力分布满足应力均匀性要求，试件平均应变率由 48 s^{-1} 增加至 137 s^{-1}，平均应变率与冲击气压表现为一定的对数函数关系，动态拉伸强度与平均应变率之间表现为一定的乘幂函数关系。Frantz 等通过使用带大半径的撞击杆产生缓慢上升的入射波，试验结果：缓慢上升的加载波可以减小弥散和惯性效应，使加载试样更快达到应力平衡状态。王礼立、王永刚认为 SHPB 系统中波传播的横向惯性效应会影响试验一维应力波假定，须对横向惯性效应做出修正，保证试验结果的精度和有效性。孟益平、胡时胜利用大直径 SHPB 装置对混凝土试件进行了冲击压缩试验，研究了试件的应力均匀性问题；对于应力分布不均匀问题，在入射杆端加入波形整形器，增加试件破坏前的应力作用时间以获得应力均匀；设计了万向头以消除杆与试件接触不平引起的应力分布不均。

在对岩石的动态裂纹扩展的研究方面，国内外学者也开展了诸多相关研究。Chen R 等利用 SHPB 系统对劳伦花岗岩（Laurentian Granite）NSCB 试件进行了三点弯冲击加载试验，测定了其Ⅰ型动态断裂参数，包括动态起裂韧度、断裂能、动态扩展韧度和裂纹扩展速度。Dai F 等在用 SHPB 系统冲击加载 NSCB 试件的动态断裂试验中，发现用有限元处理得到的裂纹尖端应力强度因子与试件两端达到力平衡后的准静态分析处理得到的结果一致，证明了试件两端达到动态力平衡后可以忽略惯性效应。Dai F 等对具有各向异性的巴里花岗岩（Barre Granite）NSCB 试件进行了静态和动态断裂试验，结果发现在静载作用下，其Ⅰ型断裂韧度具有明显的各向异性，而在动载作用下的各向异性较小。Zhang 等测得了北京房山地区大理岩的动态起裂韧度和动态扩展韧度后，发现动态扩展韧度对加载率的敏感度明显要大于动态起裂韧度；试验还从微观晶粒层面上对岩石断裂进行了分析，结果表明，随着加载率的增加断裂面越平整，发生穿晶断裂的可能性越大。Zhao 等从宏观上对砂岩、辉长岩和粗、细两种晶粒的大理岩进行了断裂参数的测定，从微观上探究了岩石动态断裂的现象和机制，发现岩石在动态荷载作用下的失效机理主要是穿晶断裂，典型微裂纹模式如多解理台阶、正在开裂的微裂纹及微分支的数量都会随着加载率的增加而增加；分形维数主要取决于微裂纹模式和岩石的微观结构。

　　李战鲁、王启智利用改造的 SHPB 系统对大理岩边切槽圆盘进行劈裂冲击加载，将试件两端的荷载历程及裂纹扩展时间导入有限元模型，计算了其动态起裂韧度值。试验发现，大理岩的动态起裂韧度对加载率表现出了正向依赖性；但在一定加载率范围内，随着加载率的逐渐增大，动态起裂韧度的上升趋势逐渐减缓，且在高加载率下动态起裂韧度具有明显的离散性特征。满轲、周宏伟对不同赋存深度的玄武岩进行动态断裂韧度测试和单轴拉伸强度测试，试验发现岩石的动态起裂韧度与拉伸强度之间可能存在一定的关系；随着岩石赋存深度的增加，拉伸强度对动态起裂韧度的影响就越明显；动态起裂韧度的测试可以由拉伸强度的测试加以推导；内部微裂纹受到了拉伸应力是岩石类材料破坏的本质原因。荀小平等采用试验-数值法基于预裂人字形切槽巴西圆盘（P-CCNBD）试样计算得到了砂岩的Ⅰ型动态起裂韧度，并将该计算方法与准静态法进行了对比分析，说明了试验-数值法的合理性。杨井瑞等采用试验-数值-解析法基于压缩单裂纹圆孔板（SCDC）试样，测定了青砂岩的Ⅰ型动态起裂韧度和扩展韧度，试验结果表明动态起裂韧度随着动态加载率的提高而增加；动态扩展韧度随着裂纹扩展速度的增加而增大，最后对裂纹止裂进行了讨论。

1.2.2　层状岩石研究现状

　　页岩气储层主要以富有机质的黑色页岩为主，页岩作为一种沉积岩，具有典型的页状或片层状的节理。由于页岩地层层理发育，其在不同层理方向上表现出了不同的力学性质，具体为垂直层理方向为各向异性，平行层理方向为各向同性，可将其视为横观各向同性材料。层状结构是页岩的主要特征，也是导致其破坏方式和破坏机理不同于其他常规岩石的主要因素。因此，研究层状岩体的力学行为及破坏响应机制，对处于层状岩体广泛分布地带的实际工程具有重要的现实意义。

　　J. C. Jaeger 等通过大量的理论分析及试验研究，建立了横观各向同性岩体的破坏准则，为层状岩体力学行为及破坏机制的研究奠定了基础。André Vervoort 等对 9 种不同的层状岩石进行了巴西劈裂试验，研究发现岩石层理结构面倾角对其强度及破裂模式影响很大，并对 9 种试验结果归类为 4 种趋势进行了总结。Jung-Woo Cho 等对不同取芯角度的片麻岩、页岩和片岩进行了单轴压缩和巴西劈裂试验，研究了这 3 种岩石弹性参数及强度的各向异性。关于页岩的研究，L. Vernik，A. Nur 研究了黑色有机页岩的波速各向异性特征，得出黑色页岩的各向异性主要是由其自身微观结构引起的。H. Niandou 等针对 Tournemire 页岩开展了常规三轴试验和加、卸载试验研究，认为所取页岩样品具有明显的塑性特征和显著的各向异性。U. Kuila 等研究了复杂应力环境引起的页岩各向异性，认为在高围压下页岩仍具有较高的各向异性特征。

Lo 等采用超声波透射法对不同围压下页岩的弹性各向异性进行了研究。Cho 等研究了片麻岩、页岩和片岩 3 种岩石的弹性变形和强度的各向异性。PL Wasantha 等对干燥和饱和水两种状态下的砂岩进行了单轴压缩试验，研究砂岩不同层理层的力学特性和能量释放特性，在试验过程中，运用声发射装置监测试样的声能量释放数据，研究试件在变形破坏过程中的能量释放规律，并对试件的破坏模式的各向异性做了分析。Rybacki 等对欧洲黑色页岩进行了力学试验，全面分析了页岩的力学特性，得到了矿物成分、温度、含水率、孔隙率、荷载方向等对黑色页岩的强度参数影响规律。

与此同时，国内学者在该领域也取得了大量的研究成果。赵文瑞揭示了当层状岩石的弱面与主应力轴成 30°夹角时，岩石强度最低且最容易破坏；当加载方向垂直于层理面时，岩石强度几乎不受层理弱面的影响，此时强度最高。冒海军等分析了板岩结构面的发育方位对其抗压强度以及破坏形式的影响，研究发现当结构面倾角在 51.7°左右时，其抗压强度最小；板岩的破坏形式受结构面影响较大，可以产生沿结构面滑移、剪切破坏及复合破坏 3 种类型的破坏形式。黎立云等对裂纹平行于层理面和垂直于层面时的层状泥岩进行了断裂试验研究，通过断裂力学及有限元方法对其破坏机制进行了论证分析。高春玉等发现砂板岩的微层理面对其力学行为影响较大，水平夹角的抗压强度比垂直夹角的高出大约 20%，且两种层理方向的砂板岩破坏形式具有明显的各向异性特征。李庆辉等对中美两地含气页岩做了三轴压缩试验并进行了对比分析，得到了所取页岩在不同应力条件下的破坏模式和力学特性。陈天宇等对不同层理角度的黑色页岩试样进行了三轴压缩试验，获得了页岩试样的全应力-应变曲线和破坏模式，试验发现围压和层理角度对页岩的力学行为和破坏模式影响显著。衡帅等根据预制切口与页岩层理所呈方位的不同，设计了 3 种类型的静态断裂试验，研究了页岩断裂韧度的各向异性，试验结果发现层理面的开裂和裂纹扩展路径的偏移是导致页岩断裂韧度各向异性的主要原因。侯鹏等以彭水黑色页岩为试样，研究了其力学各向异性特征，研究表明，页岩的拉、压力学特征受层理方向影响显著，当加载方向与层理面平行时，页岩沿层理面产生张拉破坏的可能性较大；当加载方向与层理面垂直时，容易在页岩层理本身发生剪切滑移破坏。

1.3　研究内容

本书通过对页岩展开相关动力学室内试验，借助分离式霍普金森压杆（SHPB）系统及相关装置，对页岩在冲击荷载作用下的强度特征、变形机理、能量耗散、宏观断裂过程及微观断裂机理进行研究，并研究了页岩在温度、围压耦合条件下的动力学特性，具体研究思路如图 1-1 所示。

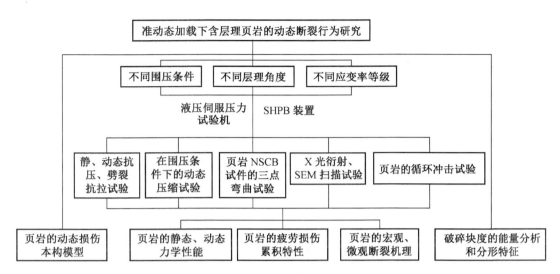

图 1-1　研究思路

2　SHPB 试验技术

分离式霍普金森压杆系统是目前对岩石试件在中高应变率（100～10000 s^{-1}）情况下动态力学性能的主要试验手段。它具有结构简单、测试方法精确、操作容易、试验加载波形方便控制的优点，适用于多种工程材料的动态力学特征测试。基于此，半个多世纪以来，分离式霍普金森杆试验技术在工程领域得到了广泛应用。现代 SHPB 试验装置不仅可以对岩石试件进行加载，同时可以获得岩石试件在动态载荷作用下的应力波形图，通过应力波形图的分析和处理可以得到岩石试件的应力-应变曲线、能量变化特征值等，可以研究岩石在动态荷载下的变形特征、能量特征和破坏机理，是研究应力波在岩石试件中传播过程的重要手段。

本章将对分离式霍普金森杆试验装置、试验的理论基础、试验原理以及试验数据的采集、数据处理方法加以介绍，进而为后续的试验研究提供理论指导。

2.1　SHPB 装置介绍

图 2-1 为分离式霍普金森压杆系统。SHPB 试验系统主要包括动能装置、撞击杆（子弹）、子弹导轨、入射杆、透射杆、阻尼器（动能吸收装置）、操作控制台、数据采集系统。

图 2-1　分离式 SHPB 试验系统

试验前，为了减小摩擦，将适量的凡士林润滑剂均匀涂抹在岩石试件端面，将试件放置于入射杆和透射杆间，岩石试件与两杆端面紧密接触，使得岩石试件与两杆的轴心共线。试验时，通过调节自动控制台控制动力系统，撞击杆受到动能装置中的高压气体驱动，以一定的速度撞击入射杆，在入射杆左侧杆端撞击激发产生弹性应力波，弹性应力波沿着杆轴向传播，试样受到动态荷载，迅速发生变形，由于试验杆与岩石试样的波阻抗不相同，所以应力波在入射杆与岩石试样接触的部位发生反射，在岩石试样与透射杆接触的端面发生透射，贴在入射杆和透射杆表面的应变片可以记录到应力波信号电压值，透射杆与吸收杆撞击产生的能量最终被阻尼器吸收。

2.2 试验理论基础和原理

2.2.1 一维应力波理论

通过对图 2-2 所示的微元进行分析，进而求试验杆中一维应力波的波动方程。假定图 2-2 中试验杆的横截面为平面，受到一维应力作用，应力在杆中任一截面均匀分布，从而满足试验的两个基本假定。如图 2-2 所示，试验杆中微元 ΔX 在 Δt 时间内发生变形的示意图，分析中规定应力、应变的受拉为正，受压为负。图 2-2 中，σ 表示一维应力，u 表示质点位移。

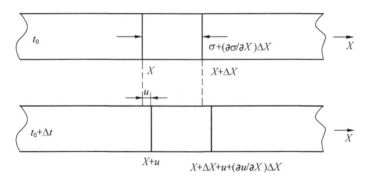

图 2-2　一维应力作用下杆内微元变形示意图

运用牛顿第二定律，求得微元在 X 方向的波动方程表达式，具体如下：

$$\frac{\partial \sigma}{\partial x} A \Delta X = \rho A \Delta X \frac{\partial^2 u}{\partial t^2} \tag{2-1}$$

式中　A——杆的横截面面积；

　　　ρ——杆的密度。

结合应力、应变的定义，可以得到微元 ΔX 的速度 v、应力 σ、应变 ε 的表达式分别为：

$$v = \frac{\partial^2 u}{\partial t} \tag{2-2}$$

$$\varepsilon = \frac{\partial u}{\partial x} \tag{2-3}$$

$$\sigma = E\varepsilon \tag{2-4}$$

式中　v——试验杆中微元内质点在 X 轴方向的速度；

　　　σ——微元 ΔX 内部质点的轴向应力；

　　　ε——微元内部质点的轴向应变；

　　　E——弹性模量。

结合式（2-1）、式（2-3）、式（2-4），可以得到：

$$\rho \frac{\partial^2 u}{\partial t^2} = E \frac{\partial^2 u}{\partial x^2} \tag{2-5}$$

如果将试验杆中的一维应力波波速定义为 $c_0 = \sqrt{\dfrac{E}{\rho}}$，并代入式（2-5），可得经典波动方程：

$$\frac{\partial^2 u}{\partial t^2} = c_0^2 \frac{\partial^2 u}{\partial x^2} \tag{2-6}$$

结合偏微分方程的求解规则，可以得到式（2-6）的通解：

$$u(x,\ t) = F_1(c_0 t + x) + F_2(c_0 t - x) \tag{2-7}$$

式（2-7）中，$F_1(c_0 t + X)$ 表示左行波函数，$F_2(c_0 t - X)$ 表示右行波函数。当左行波和右行波为线弹性波时，可以认为两者相互独立，可以应用线性叠加原理。为了简化起见，可以只考虑静止状态、自由状态下弹性杆中的右行波。故式（2-7）可以简化为：

$$u(x,\ t) = F(c_0 t - x) \tag{2-8}$$

将式（2-8）对 X 求偏导，可得：

$$\frac{\partial u}{\partial X} = -F'(c_0 t - x) \tag{2-9}$$

将式（2-8）对 t 求偏导，可得：

$$\frac{\partial u}{\partial t} = c_0 F'(c_0 t - x) \tag{2-10}$$

结合式（2-2）、式（2-3）、式（2-9）、式（2-10），可以得出，静止状态、自由状态下的弹性杆中的右行波符合：

$$v = -c_0 \varepsilon \tag{2-11}$$

式（2-11）可以理解为连续性方程，方程两边同时乘试验杆的波阻抗（ρc_0），

$$\rho c_0 v = -\rho c_0^2 \varepsilon \tag{2-12}$$

结合式（2-4）、式（2-12）、一维应力波波速公式 $c_0 = \sqrt{\dfrac{E}{\rho}}$，可以得到：

$$\sigma = -\rho c_0 v \tag{2-13}$$

式（2-13）表示的是杆中微元 ΔX 轴向应力和质点速度的关系式，可以称之为动量守恒方程。

以上推导不是关于弹性波动方程的严格推导，仅是线弹性波几个关键物理量的关系。

在进行弹性波传播问题研究时，通常情况下，可以忽略密度和应力波波速的变化。关于本书中霍普金森杆的问题研究，均可认为试验杆密度和波速不发生改变。

2.2.2　撞击杆与入射杆的共轴撞击

分离式霍普金森杆试验系统通过撞击杆与入射杆的撞击来完成对试件的冲击加载，接下来对试验中撞击杆与入射杆的共轴撞击问题进行分析。

假定一长度为 L 的撞击杆以速度 v_0 撞击处于静止状态的入射杆，如图 2-3 所示。撞击杆和入射杆的各参数见表 2-1。

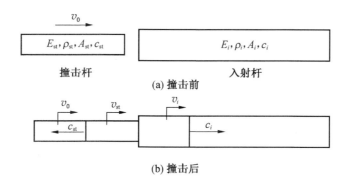

图 2-3 撞击杆与入射杆的撞击示意图

表 2-1 试验杆各物理参数

试验杆	密度	横截面面积	弹性模量	波速
撞击杆	ρ_{st}	A_{st}	E_{st}	c_{st}
入射杆	ρ_i	A_i	E_i	c_i

两杆撞击前，撞击杆内部质点的速度等于撞击杆的撞击速度 v_0。两杆相撞时，会产生应力波，分别传入子弹和入射杆中。根据接触界面的连续性条件，可知两杆接触界面处子弹内部质点速度与入射杆内部质点速度是相同的。假定撞击后，接触界面处的速度为 v_{st}，可得：

$$v_{st} = v_i \qquad (2-14)$$

结合牛顿第三定律，相互作用的两个物体作用力和反作用力大小相等，可知两杆接触界面处的受力相等，可得：

$$\sigma_{st} A_{st} = \sigma_i A_i \qquad (2-15)$$

将上文得到的动量守恒方程公式 $\sigma = -\rho c_0 v$ 代入 (2-15)，可得：

$$\rho_{st} c_{st} (v_{st} - v_0) A_{st} = -\rho_i c_i v_i A_i \qquad (2-16)$$

结合式 (2-14) 和式 (2-16)，可求解出子弹内部质点速度与入射杆内部质点速度：

$$v_{st} = v_i = \frac{\rho_{st} A_{st} c_{st} V_0}{\rho_i A_i c_i + \rho_{st} A_{st} c_{st}} \qquad (2-17)$$

结合式 (2-13)、式 (2-17)，可得子弹内质点的轴向应力为：

$$\sigma_{st} = \rho_{st} c_{st} \left(\frac{\rho_{st} A_{st} c_{st} v_0}{\rho_i A_i c_i + \rho_{st} A_{st} c_{st}} - v_0 \right) \qquad (2-18)$$

入射杆内质点的轴向应力为：

$$\sigma_i = -\rho_i c_i \frac{\rho_{st} A_{st} c_{st} v_0}{\rho_i A_i c_i + \rho_{st} A_{st} c_{st}} \qquad (2-19)$$

当子弹和入射杆为相同的材料且两杆的横截面积相同时，可知：
$\rho_{st} = \rho_i = \rho$，$c_{st} = c_i = c_0$，$A_{st} = A_i = A$，这种情况下，两杆有相同的波阻抗 $\rho c_0 A$，结合式 (2-17)、式 (2-18)、式 (2-19)，可得：

$$v_{st} = v_i = \frac{1}{2} v_0 \qquad (2-20)$$

$$\sigma_{st} = \sigma_i = -\frac{1}{2}\rho c_0 v_0 \qquad (2-21)$$

由式（2-21）可以分析得知，入射杆中的右行波的应力波幅值与撞击杆的撞击速度 v_0 成正比。

接下来分析右行应力波的持续时间，杆中应力波传播的示意如图2-4所示。当 $0 < t < \frac{L}{c_0}$ 时，子弹中存在左行的应力波；当 $t = \frac{L}{c_0}$ 时，左行的应力波到达子弹的左侧端面，同时，会产生一个向右的应力波；当 $\frac{L}{c_0} < t < \frac{2L}{c_0}$ 时，子弹内同时存在左行波和右行波，两者会相互叠加；当 $t = \frac{2L}{c_0}$ 时，子弹的速度和应力都降为0，此时，子弹与入射杆间不存在接触力，入射杆内产生一个右行波。

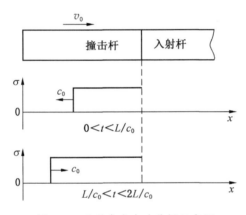

图2-4 子弹中应力波传播示意图

由以上分析可知，右行应力波在入射杆中持续的时间等于应力波在子弹内一个来回的时间，时间为 $t = \frac{2L}{c_0}$，由此式可知，应力波在入射杆中持续的时间与子弹（撞击杆）的长度成正比。

2.2.3 应力波在试件界面处的反射和透射

如图2-5所示，试验时，撞击杆以一定的速度冲击入射杆，在入射杆左侧端面撞击产

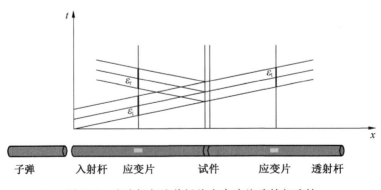

图2-5 试验杆与试件间的应力波的反射与透射

生一定幅值的弹性应力波 ε_i；弹性应力波沿着杆轴向传播，试样受到动态加载，由于试验杆与岩石试样的波阻抗不相同，所以应力波在入射杆与岩石试样接触的部位发生反射，产生反射波 ε_r，在岩石试样与透射杆接触的端面发生透射，产生透射波 ε_t。

对于试件界面处，结合连续性条件和牛顿第二定律来分析，反射波和透射波在此处的速度以及应力相等，由 $\Delta\sigma_r$、$\Delta\sigma_r$、$\Delta\sigma_t$ 表示入射波、反射波、透射波的应力大小变化，用 Δv_i、Δv_r、Δv_t 表示入射波、反射波、透射波的质点速度大小变化，对应的关系式如下：

$$\Delta\sigma_r = F\Delta\sigma_i \tag{2-22}$$

$$\Delta v_r = -F\Delta v_i \tag{2-23}$$

$$\Delta\sigma_t = T\Delta\sigma_i \tag{2-24}$$

$$\Delta v_t = nT\Delta v_i \tag{2-25}$$

$$n = \frac{\rho_0 c_0}{\rho_1 c_1} \tag{2-26}$$

$$F = \frac{1-n}{1+n} \tag{2-27}$$

$$T = \frac{2}{1+n} \tag{2-28}$$

式中　n——两种材料的阻抗比；

　　　F——两种材料间的反射系数；

　　　T——两种材料间的透射系数。

式（2-26）、式（2-27）、式（2-28）满足如下关系式：

$$1 + F = T \tag{2-29}$$

由式（2-28）可以得出，T 始终是正数，所以可知：透射波和入射杆为同号；由式（2-26）、式（2-27）可知，F 的正负由试件和试验杆的材料阻抗相对大小决定。

接下来分析 $n<1$ 和 $n>1$ 时应力波在两种材料界面处的反射与透射规律。

假定一列应力波从左向右传播至两种材料界面处，

（1）当 $\rho_0 c_0 < \rho_1 c_1$ 时，可得：

$$0 < n = \frac{\rho_0 c_0}{\rho_1 c_1} < 1 \tag{2-30}$$

$$0 < F = \frac{1-n}{1+n} < 1 \tag{2-31}$$

$$1 < T = \frac{2}{1+n} < 2 \tag{2-32}$$

$$nT = \frac{2}{1+\dfrac{1}{n}} < 1 \tag{2-33}$$

根据式（2-30）~式（2-33），再结合式（2-22）~式（2-25），分析可知：

$$\Delta\sigma_r < \Delta\sigma_i \tag{2-34}$$

$$|\Delta v_r| < |\Delta v_i| \tag{2-35}$$

$$\Delta\sigma_t > \Delta\sigma_i \tag{2-36}$$

$$\Delta v_t < \Delta v_i \qquad (2-37)$$

当 $\rho_0 c_0 < \rho_1 c_1$ 时，波阻抗之比小于 1，反射系数是小于 1 的正数，透射系数大于 1。通过上面的分析，可知：反射波对应的应力变化幅度小于入射波对应的应力变化幅度，反射波与入射波传播为相反方向，反射波速度变化幅度小于入射波速度变化幅度；透射波对应的应力变化幅度大于入射波对应的应力变化幅度，透射波与入射波传播为同一方向，透射波速度变化幅度小于入射波速度变化幅度。

（2）当 $\rho_0 c_0 > \rho_1 c_1$ 时，可得：

$$n = \frac{\rho_0 c_0}{\rho_1 c_1} > 1 \qquad (2-38)$$

$$-1 < F = \frac{1-n}{1+n} < 0 \qquad (2-39)$$

$$0 < T = \frac{2}{1+n} < 1 \qquad (2-40)$$

$$1 < nT = \frac{2}{1+\dfrac{1}{n}} < 2 \qquad (2-41)$$

根据式（2-38）～式（2-41），再结合式（2-22）～式（2-25），分析可知：

$$|\Delta\sigma_r| < |\Delta\sigma_i| \qquad (2-42)$$

$$\Delta v_r < \Delta v_i \qquad (2-43)$$

$$\Delta\sigma_t < \Delta\sigma_i \qquad (2-44)$$

$$\Delta v_t > \Delta v_i \qquad (2-45)$$

当 $\rho_0 c_0 > \rho_1 c_1$ 时，波阻抗之比大于 1，反射系数为负数且绝对值小于 1，透射系数是小于 1 的正数。通过上面的分析，可知：反射波对应的应力变化幅度小于入射波对应的应力变化幅度，反射波与入射波传播为同一方向，反射波速度变化幅度小于入射波速度变化幅度；透射波对应的应力变化幅度小于入射波对应的应力变化幅度，透射波与入射波传播为同一方向，透射波速度变化幅度大于入射波速度变化幅度。

2.2.4　SHPB 试验基本假定

在对材料进行动态力学性能测定时，保证 SHPB 实验有效性的两个基本假定如下。

（1）一维应力波假定：弹性波在压杆中的传播过程是无弥散的，压杆在变形过程中，横截面始终保持为平面，沿截面只有均匀分布的轴向应力。

一维应力波假定是为了保证压杆上应变片测试点处的应力波能够真实反演试件与压杆的端面。对于压杆中的弹性波而言，从频谱分析角度来看，该波是由不同频率的谐波分量叠加而成的。在弹性波传播过程中，由于不同频率的谐波分量所传播的相速是不同的，所以就会导致弹性波发生弥散现象，不能继续保持原形传播。只有消除压杆中弹性波的弥散效应，压杆上应变片测得的应变才可以代表杆件内部的应变。

（2）均匀性假定：试件中应力、应变沿试件长度均匀分布，在该条件下，试件中的应变可以直接用试件两端的位移差求得，试件两端面所受力的均值即为试件所受的力。

均匀性假定是为了保证试件两个端面的应力平衡。从理论上讲，当应力波在试件中传播时，试件两端的应力是不能达到平衡状态的，在应力波从入射杆进入试件的初期，试件中是会有明显的应力和应变台阶或梯度的。Yang 等认为当试件两端的应力差小于试件中应力的 5% 时，就达到了应力平衡。为了使试件在极短时间内迅速达到应力平衡，通常采用的办法是采用入射波整形技术。该技术可以使入射波在初始上升阶段变缓，在加载过程中留给试件达到应力平衡的时间较多，应力波在试件中能进行多次反射透射，其两端的相对应力差越来越小，最终达到平衡状态。

2.2.5　试验数据的处理

由于应力、应变数据无法直接测得，可借助试验杆上的应变片对入射杆的入射电压信号、反射电压信号、透射杆的透射电压信号进行捕捉，利用这种试验技术测量应力、应变较为方便，进而根据一维应力波理论求得试样的应力、应变相关参数。

（1）应变片的粘贴。

在将应变片粘贴到入射杆和透射杆上时，要注意：用黏结剂把敏感栅粘到绝缘的基底上，然后从两侧引出导线并焊接。黏结剂要满足无毒性，对使用人员无伤害；黏结能力强；弹性模量较大；绝缘性能好。

（2）电阻应变片工作原理。

应变片测试数据一般需要用到惠斯通电桥，如图 2-6 所示。其中的 4 个桥臂电阻分别由标准电阻、电阻应变片组成，工作方式采用对臂桥，如图 2-6 所示，R_1、R_4 为高电阻值（1000 Ω）的应变片，R_2、R_3 为采用精密标准阻值为 1000 Ω 的应变片。

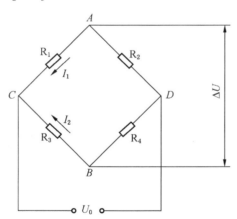

图 2-6　惠斯通电桥示意图

如图 2-6 所示，惠斯通电桥由直流电源 U_0 进行供电，电桥中电流：

$$I_1 = \frac{U_0}{R_1 + R_2} \qquad I_2 = \frac{U_0}{R_3 + R_4} \qquad (2-46)$$

可得，电阻 R_1、R_3 两端电压分别表示为：

$$U_{AC} = \frac{U_0}{R_1 + R_2} R_1 \qquad U_{BC} = \frac{U_0}{R_3 + R_4} R_3 \qquad (2-47)$$

因此，可得 AB 两端的电压为：

$$\Delta U = U_{AC} - U_{BC} = \frac{U_0}{R_1 + R_2} R_1 - \frac{U_0}{R_3 + R_4} R_3 = \frac{R_1 R_4 - R_2 R_3}{(R_1 + R_2)(R_3 + R_4)} U_0 \qquad (2-48)$$

当 $\Delta U = 0$ 时，电桥处于平衡状态，此时，根据式（2-48），可知：

$$R_1R_4 = R_2R_3$$

$$\frac{R_2}{R_1} = \frac{R_4}{R_3} = n \tag{2-49}$$

式中　　n——惠斯通电桥桥臂的电阻之比。

假定在电桥处于平衡状态时，电桥桥臂电阻 R_1、R_2、R_3、R_4 都产生细微变化，阻值变化量分别记为 ΔR_1、ΔR_2、ΔR_3、ΔR_4，则电桥的输出电压为：

$$\Delta U = \frac{E}{4}\left(\frac{\Delta R_1}{R_1} - \frac{\Delta R_2}{R_2} + \frac{\Delta R_3}{R_3} - \frac{\Delta R_4}{R_4}\right) \tag{2-50}$$

当入射杆和透射杆中产生应变信号时，贴在试验杆表面的应变片电阻阻值发生变化，应变片阻值变化与应变两者间存在线性关系，结合式（2-50），则有：

$$\Delta U = \frac{EK}{4}(\varepsilon_1 - \varepsilon_2 + \varepsilon_3 - \varepsilon_4) \tag{2-51}$$

式中　　　　　　　　　　K——应变片的灵敏度系数；

　　ε_1、ε_2、ε_3、ε_4——应变片的应变素数值。

根据上述分析，应变信号转换成电压信号，应变片可以对电压信号进行采集，由于从惠斯通电桥的输出电压值很小，通常为 mV 量级，可以经过放大器进行信号放大后传输到示波器，再对其进行处理。

（3）应变信号抗干扰处理措施。

应变信号的干扰一般是由于在采集、转换、放大、存储应变信号的过程中，夹杂有一部分不需要的内部和外部信号，它们会和试验测得的应变信号发生叠加，从而对试验结果产生误差。通常可以采用合适频率的低通滤波器来消除外部干扰，获得失真较小的应变信号。

对获取的动态压缩试验数据进行处理，首先需要对应力波信号（入射、反射、透射信号）的起跳点进行确定。入射信号起跳点的确定：当某个数据点后连续的 50 个数据点偏离基准点幅值的 1/20，可以认为这个数据点是入射波的起跳点 T_i。如图 2-7 所示，L_1 表示试件与入射杆上应变片的距离，L_2 表示透射杆上应变片与试件的距离，c_0 为杆中应力波波速。

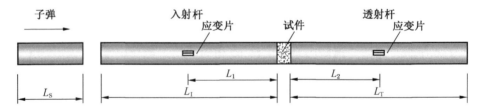

图 2-7　试件与试验杆上应变片距离示意图

根据图 2-7 中的位置关系，能够得出如下公式。

反射信号起跳试验点对应的时间为：

$$T_r = T_i + \frac{2L_1}{c_0} \tag{2-52}$$

透射信号起跳试验点对应的时间为：

$$T_t = T_i + \frac{L_1 + L_2}{c_0} \tag{2-53}$$

结合试验杆中一维应力波理论，忽略横向惯性造成的弥散效应，对应力波进行平移处理。选取好起跳点之后，为了计算试件两端的应力加载情况，可以把应变片这一位置的应变平移至试件与入射杆、透射杆的接触界面位置进行考虑。

接下来结合一维应力波理论分析试件处的应力-应变关系。如图 2-7 所示，将入射杆与试件接触的端面定为 1，将试件与透射杆接触的端面定为 2。

u_1、u_2 分别表示端面 1、2 处的位移。结合应力波的线性叠加原理，可得：

$$u_1 = c_0 \int_0^t (\varepsilon_i - \varepsilon_r) \, d\tau \tag{2-54}$$

$$u_2 = c_0 \int_0^t \varepsilon_t \, d\tau \tag{2-55}$$

式中 ε_i、ε_r、ε_t ——试验杆中入射信号、反射信号、透射信号在独立传播（不发生叠加）时所对应的杆中应变。

试件的长度用 l_0 表示，横截面面积用 A_0 表示，可以求出试件的平均应变：

$$\varepsilon(t) = \frac{u_1 - u_2}{l_0} = \frac{c_0}{l_0} \int_0^t (\varepsilon_i - \varepsilon_t - \varepsilon_r) \, d\tau \tag{2-56}$$

式（2-56）对 t 求导，可得试件的平均应变率：

$$\dot{\varepsilon} = \frac{c_0}{l_0} (\varepsilon_i - \varepsilon_r - \varepsilon_t) \tag{2-57}$$

将试件两端面 1、2 处受到的作用力分别定义为 P_1、P_2，则有：

$$P_1 = AE(\varepsilon_i + \varepsilon_r) \tag{2-58}$$

$$P_2 = AE\varepsilon_t \tag{2-59}$$

式中 E、A——试验杆的弹性模量、横截面面积。

根据上述分析，可得试件中的平均应力：

$$\sigma = \frac{P_1 + P_2}{2A_0} = \frac{AE}{2A_0} (\varepsilon_i + \varepsilon_r + \varepsilon_t) \tag{2-60}$$

当 $P_1 = P_2$ 时，试件两端面受到的作用力相等，可认为试件达到应力平衡状态，试件受力和变形均匀，并结合式（2-58）、式（2-59），可以得知：

$$\varepsilon_i + \varepsilon_r = \varepsilon_t \tag{2-61}$$

结合式（2-56）、式（2-57）、式（2-60）、式（2-61），可以得出：

$$\sigma = \frac{AE}{A_0} \varepsilon_t \tag{2-62}$$

$$\varepsilon(t) = -\frac{2c_0}{l_0} \int_0^t \varepsilon_r \, d\tau \tag{2-63}$$

$$\dot{\varepsilon} = -\frac{2c_0}{l_0} \varepsilon_r \tag{2-64}$$

以上分析中，式（2-56）、式（2-57）、式（2-60）被称为三波法，式（2-62）、式（2-63）、式（2-64）被称为二波法。可以发现，二波法简化了试验数据处理过程。本次试验在试验端面动态力平衡的情况下，本书试验选用二波法对试验数据进行处理。通过对式（2-62）、式（2-63）进行联立，可以求解出当试件应变率为$\dot{\varepsilon}$时对应的试件的应力、应变数据，通过处理可以得到动态应力-应变关系曲线。

3　页岩的基本动力学性质

作为一种特殊的天然材料，受成因和地质构造的影响，页岩的组织结构极不均匀，存在层理等天然缺陷，层理等缺陷分布的非均质性对页岩的物理力学性质、强度等有很大影响。为了深入研究页岩的力学性能，本章对页岩在准静态下的单轴压缩试验和劈裂抗拉试验，在单轴状态和围压状态下的动态 SHPB 压缩试验和动态劈裂抗拉试验，分析其应力-应变曲线的力学特性，并从材料微观角度对页岩动态抗压强度、破坏形态和变化规律进行分析。

3.1　页岩的基本物理学性质

本章试验所选取的岩石为四川长宁—威远地区页岩露头，属于志留系龙马溪组页岩。由于页岩的非均质性，不同区域的页岩力学特性的差异较大，为了试验数据的有效性和准确，选取同一区域的同一岩体，进而保证岩石试件的结构与成分大致相同。由于页岩具有层理，所以需要保证采集的岩石试样具有相同层理，本书中定义层理角度为层理面与水平面的夹角，如图 3-1 所示。

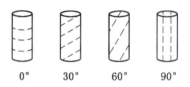

图 3-1　取芯角度示意图

试件制作完成后先用游标卡尺准确测量试件的厚度与直径，并用电子秤称取试件质量，据此计算得到每块试件的密度大小，通过对测试数据进行归一处理得到页岩试件密度大小平均为 2.55 g/cm³。在常温状态下对试件运用如图 3-2 所示的超声波测速仪测速得到试件的纵波声速。如果试件的纵波声速与其他相同层理试件差异过大，表明试件在试验前的过程中就受到损坏，或则自身存在较大的缺陷，可以将此试件废弃。

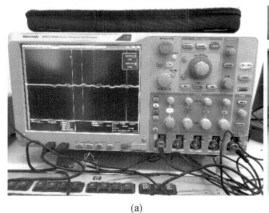
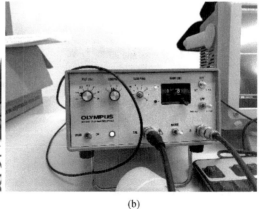

(a)　　　　　　　　　　　　　　　　(b)

图 3-2　纵波波速测试设备

应用中国矿业大学（北京）的电液伺服岩石三轴试验机，对页岩试件在常温条件静态下进行单轴压缩与巴西劈裂试验。国际岩石力学学会（ISRM）建议单轴压缩试件采用长径比为 2 的圆柱，巴西劈裂使用长径比为 0.5 的圆盘试件。本章试验所用的单轴压缩试件尺寸为 $\phi50$ mm×100 mm，圆盘尺寸为 $\phi50$ mm×25 mm。静态试验结果如图 3-3 所示。

(a) 页岩试件静态单轴压缩破坏　　　　　　　　　(b) 静态巴西劈裂破坏

图 3-3　静态试验结果

在单轴压缩试验中页岩试件从上端面到下端面产生一条贯穿的裂纹，这是一种张拉劈裂的破坏模式，并且这个裂纹的走向与原生层理方向一致，说明页岩的各层理面之间的联结作用比岩石基质本身各成分的胶结作用弱，同时也说明了页岩的抗压强度大于其抗拉强度。在静态巴西劈裂试验中，页岩的层理面与加载方向垂直，试件劈裂破坏为两个半圆，两个破碎部分比较完整，满足了巴西圆盘法测试岩石试件抗拉强度的要求，试验所得页岩平均静态抗拉强度为 10.37 MPa。表 3-1 为页岩试件静力学试验结果。

表 3-1　页岩试件静力学试验结果

层理角度/(°)	单轴抗压强度/MPa	峰值应变/10^{-3}	弹性模量/GPa
0	97.34	24.3	6.6
30	80.06	20.5	6.18
60	69.26	15.5	6.1
90	108.21	24.6	7.21

3.2　页岩材料矿物成分研究

通常情况下，研究物体破坏的基本思路是从结构和材料本身两方面进行分析。层理结构面是页岩区别于其他常规岩石的典型结构特征，在宏观上，其表面多分布有竹叶状或带状的条纹物质；在微观扫描镜像下，条纹物质以致密片块状存在。研究页岩岩体及层理面条纹物质的矿物成分，对从材料角度分析页岩断裂破坏行为具有重要的补充意义。

试验在中国石油勘探开发研究院进行，利用相关仪器对页岩均质岩体及层理面条纹物质分别进行材料鉴定，确定两者的矿物成分及元素组成，并进行对比分析，对页岩的断裂破坏机制进行合理的解释。

3.2.1　试验仪器简介

由于条纹物质分布在页岩层理表面，很难对其进行取样分析，为了更准确测定层理面条纹物质及均质岩体的矿物组成，本次试验将利用3种不同的实验仪器先后对两种页岩样品进行成分鉴定，综合考虑页岩的矿物成分、含量和元素组成三方面。

为了确定层理面条纹物质和均质岩体的黏土和非黏土矿物成分及含量，分别对两种页岩样品进行了X射线衍射试验。所用实验仪器为日本理学 Rigaku TTRⅢ 多功能 X 射线衍射仪，如图3-4所示。该仪器主要由 X 射线发生器、测角仪、信号系统和工作站组成。其核心部件是测角仪，它是根据 Bragg 聚焦原理设计而成的。由于 X 射线波长与晶体的晶面间距处在一个数量级，因此会产生衍射效应。同时由于各种晶体的结构与成分有所差异，因此不同矿物晶体都具有其特定的 X 射线衍射图谱，且图谱中的特征衍射峰强度与样品中该矿物的含量呈正相关。采用试验的方式可以确定某矿物的含量与其特征衍射峰强度之间的正相关关系，进而通过测量未知样品中该矿物的特征衍射峰强度，来求出该矿物的含量。

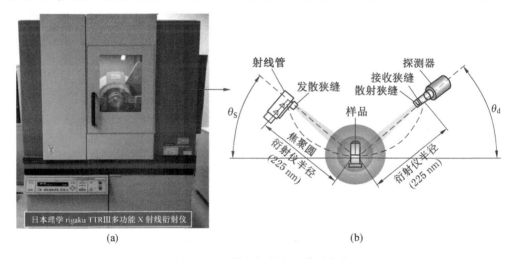

(a)　　　　　　　　　　　　　　　(b)

图 3-4　X 射线衍射仪及其测角仪

为了确定两种页岩样品的矿物分布及组成，进行了岩石薄片鉴定试验。所用实验仪器为 Olympus DP71 偏光显微镜，如图3-5所示。其主要由支架、照明系统、光学部件及载物台组成。偏光显微镜的原理是将普通光改变为偏振光来进行镜检，以鉴别某一物质是单

图 3-5　Olympus DP71 偏光显微镜

折射性体（各向同性）还是双折射性体（各向异性），其中单折射性和双折射性分别是非晶体和晶体的基本特征。偏光显微镜在地质学中应用颇多，常被用来对岩石的微观结构、岩石成分、岩石定名、孔隙类型和面孔率等一系列微观特征进行细致的鉴定工作。

　　能谱分析是指在 SEM 扫描图的基础上对材料元素的鉴定。为了从微观结构上分析页岩层理面条纹物质与均质岩体的元素组成，从而确定其构成材料，本次试验利用 QUANTA FEG 450 场发射扫描电子显微镜（FESEM），对两种页岩样品进行了能谱分析，如图 3-6 所示。场发射扫描电子显微镜具有超高分辨率，能进行各种固态样品表面形貌的二次电子象、反射电子象观察及图像处理；且具有高性能 X 射线能谱仪，能同时进行样品表层的微区点、线、面元素的定性、半定量及定量分析，具有形貌、化学组分综合分析能力。

图 3-6　场发射扫描电子显微镜

3.2.2　试验简介

　　（1）X 射线衍射分析。

　　试验样品取自同一块页岩的不同部分，根据层理结构面的划分，提取了均质岩体与层理面条纹物质各 3 g 左右的粉末样品。在其制备过程中，需要把样品研磨成适合衍射试验用的粉末，同时也要保证 X 射线所照射的区域中有足够多数目的晶粒，且晶粒不宜过细，应在 0.1～10 μm 之间；然后把粉末样品制成一个十分平整平面的试片，确保采样的代表性和试样成分的可靠性，随后将其放入样品台进行观察分析。

　　（2）页岩薄片鉴定。

　　为了使岩石材料能够在偏光显微镜下进行观察，需要制作岩石薄片，一般的标准薄片厚度为 0.03 mm，如图 3-7 所示。本次试验样品同样取自同一页岩的均质岩体与层理面条纹物质，然后将其制作成岩石薄片。首先要将样品切割制成适合观察的小方块，然后将其进行单面研磨抛光处理，完成

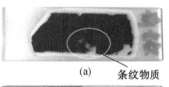

（a）　条纹物质

（b）

图 3-7　页岩薄片

后将抛光面粘贴固定在载玻片上，接着将固定好的薄片再进行另一面的研磨抛光，并将其厚度最终打磨至 0.03 mm，最后加上盖玻片，即可放到载物台上进行观察。

（3）能谱分析。

场发射扫描电子显微镜对材料进行的能谱分析试验与 SEM 扫描试验类似，选取要观察的标本进行清洗干燥，再将样品放入镀膜仪进行镀碳，然后放到样品仓中进行观察，选取要观察的典型区域进行元素组成分析。

3.2.3 试验结果分析

（1）X 射线衍射结果。

由表 3-2、表 3-3 分析报告可以看出，在黏土和非黏土矿物种类及含量上，两种页岩样品比较类似，没有较大的差异，且两者的非黏土矿物石英、方解石和白云石含量相对较高；全岩中黏土矿物总量相对较低，且只有伊利石和绿泥石，而伊利石占绝大部分比例。

表 3-2　两种页岩样品矿物 X 射线衍射分析报告（一）

页岩样品	矿物种类和含量/%						黏土矿物总量/%
	石英	钾长石	斜长石	方解石	白云石	黄铁矿	
条纹物质	36.6	0.4	0.8	35.4	11.2	2.6	13.0
均质岩体	39.9	0.5	1.1	35.6	8.9	2.2	11.8

表 3-3　两种页岩样品黏土矿物 X 射线衍射分析报告（二）

页岩样品	黏土矿物相对含量/%						混层比（%S）	
	S	I/S	It	Kao	C	C/S	I/S	C/S
条纹物质	—	—	96	—	4	—	—	—
均质岩体	—	—	95	—	5	—	—	—

注：S—蒙皂石类；I/S—伊蒙混层；It—伊利石；Kao—高岭石；C—绿泥石；C/S—绿蒙混层。

（2）薄片鉴定结果。

薄片鉴定的优点是能更好看到矿物的具体分布，以及在同等放大倍数下各晶粒的大小及数量。根据矿物发光颜色来判断矿物种类，对两种页岩样品的矿物成分进行了以下标定，如图 3-8 所示。通过偏光显微镜的直观观察，发现均质岩体其矿物成分与 X 射线衍射

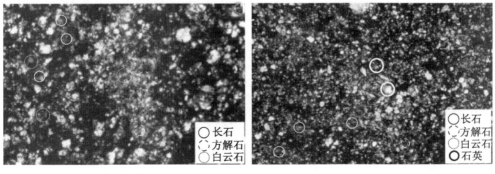

(a) 条纹物质　　　　　　　　　　(b) 均质岩体

图 3-8　页岩薄片正交偏光图像

结果相同，各类矿物呈均匀分布；而层理面上的竹叶状或带状条纹物质，其成分大多为碳酸盐类沙粒屑，且以方解石和白云石混合物为主。

（3）能谱分析结果。

图 3-9 所示为层理面条纹物质与均质岩体在场发射扫描电子显微镜下的图像，但两种样品的成像原理不同。其中，条纹物质的成像是背散射电子图像，该图像主要反映样品表面元素分布情况，越亮的区域，原子序数越高，常被用来区分矿物成分；均质岩体的成像是二次电子图像，该图像主要反映样品表面微观形貌，基本和自然光反映的形貌一致，常被用来观察矿物晶形。两种成像都能确定样品的元素组成，只是两者侧重有所不同。

(a) 条纹物质　　　　　　　　　　　　　(b) 均质岩体

图 3-9　FESEM 扫描图像

由图 3-9 可以看出，层理面条纹物质在背散射电子成像下，呈现出黑、灰以及少量白色物质相间的分布情况，具有明显的不同颜色及亮度，在该成像原理下能够很好进行矿物区分。如图 3-10 所示，是利用场发射扫描电子显微镜及其 X 射线能谱仪功能，对条纹物质典型区域进行的细微观察和元素确定，图中的加号表示为所要观察的区域。

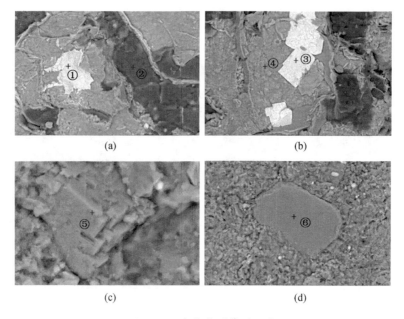

(a)　　　　　　　　　　　　　　　　(b)

(c)　　　　　　　　　　　　　　　　(d)

图 3-10　条纹物质典型区域

能谱分析的总体思路是根据典型区域的元素组成及原子比来确定该区域可能的矿物成分。如图 3-10a 所示，其能谱图显示，①号区域含有多种元素，主要由 Fe、S、O、C 及少量的 Ca、Si、Al、K 组成，且 Fe 与 S 原子比约为 1∶2，由于 Fe 的原子序数较高，所以该区域呈现出了亮白色，经分析①号区域的白色物质为黄铁矿（FeS_2）。C 与 O 的原子比约为 1∶1，且 C 含量低于 O，经推测分析两种元素可能与其他元素组成碳酸盐矿物；而 Ca 是方解石（$CaCO_3$）和白云石 $[CaMg(CO_3)_2]$ 的重要组成元素，且该区域含有少量的 Ca，那么可以推断该区域有少量的方解石与白云石混合物。伊利石是一种硅酸盐黏土矿物，富含 Al、K，少有 Fe、Mg；根据元素组成及其剩余分配，推测 Si 与 O 两种元素可能与 Al、K 及少量的 Fe 形成硅酸盐黏土矿物，如伊利石。因此，①号区域的矿物成分主要为黄铁矿，其中掺杂着少量的方解石、白云石以及伊利石。

如图 3-10a 所示，据能谱图显示，②号区域只有 3 种元素组成，分别为 C、O、S，其中 C 含量极高，约占 90%，O 含量约为 10%，S 含量极少，经分析②号区域的黑色物质为有机质；石油及天然气来源于沉积有机质，而干酪根是沉积有机质的主体，是一种高分子聚合物有机质，其中含有少量的 S，由此推断该有机质的主要成分可能为干酪根。

如图 3-10b 所示，③号区域只含有 Fe、S 两种元素，且原子比约为 1∶2，可以断定该区域白色物质为纯黄铁矿，不含其他任何杂质。通过观察其他区域的黄铁矿晶形，发现黄铁矿以多边形、蜂窝颗粒状及扇叶状等形态极少量存在于条纹物质表面。④号区域中同样含有多种元素，主要由 O、Si、Al 及少量的 K、C、Mg、Fe 组成。由于其中含有少量的 C 元素，那么可以推测该区域存在少量的碳酸盐矿物，根据元素组成及原子比，可以推测该区域主要是由黏土矿物伊利石及少量白云石组成。

如图 3-10c 所示，⑤号区域具有明显棱角分明的块状晶形，其元素组成主要为 O、Ca、C 及少量的 Mg、Fe、Si，其中 Fe、Si 含量极少。根据元素组成及原子比结合薄片鉴定结果进行分析，推测该区域主要为方解石和白云石的混合物。在高倍镜像下，条纹物质上分布有较多类似的小块体，多为方解石和白云石的混合物，与薄片鉴定结果一致。

如图 3-10d 所示，⑥号区域的平面块体元素组成主要为 O、Si、Al 以及少量的 K、F、Fe、Mg、Na。根据主要组成元素及原子比，推测该区域大多为黏土矿物；F 作为一种非金属元素，具有极强的氧化性，多与金属元素构成无机盐存在，因此可能与该区域 Na 等金属元素形成无机盐，例如 NaF。总体来讲，F 含量极少，对页岩的物理性质不能构成主要影响，所以该区域主要以黏土矿物为主。

根据邹才能等学者的研究，层理面的条纹物质是一类生活在古代海洋中的浮游动物化石，因其外形与铅笔在岩石层上书写的痕迹比较相像，所以科学家把这类化石命名为"笔石"（Graptolite），将该种动物称为笔石动物。试验所用页岩取自于四川盆地页岩气采区，属海相地层，该地黑色页岩含有丰富多样的笔石，如图 3-11 所示。笔石动物生活在不同深度海水中，且演化速度极其迅速，因此笔石被用作确定地层年代的黄金标尺。

已有研究表明，笔石中的 C、O 等元素含量较高，且有机碳含量也要比围岩（均质岩体）丰富，是页岩有机质的重要组成部分。根据试验结果显示，可以发现本批页岩试样也具有以上特点。

在对均质岩体进行背散射电子成像扫描时，发现其表面几乎不存在有机质分布，且整个区域在镜像下的颜色及亮度大体一致，不能很好地利用原子序数来进行矿物区分，所以

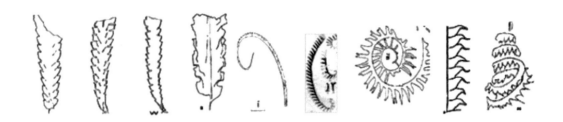

图 3-11　龙马溪组常见笔石外形

采用二次电子成像对其进行扫描观察，尝试利用矿物晶形进行分析研究。如图 3-12 所示，利用场发射扫描电子显微镜及其 X 射线能谱仪功能对均质岩体典型区域进行的细微观察和元素确定，图 3-12 中的加号表示为所要观察的区域，根据样品的微观晶形和元素组成来分析典型区域的矿物成分。

图 3-12　均质岩体典型区域

　　如图 3-12a 所示，据能谱显示，①号区域的块体仅含有两种元素，即 Si 和 O，两者原子比约为 2∶1；根据该块体典型的贝壳状断口及元素组成，推测其含有一部分石英，另一部分可能以硅单质的形式存在。石英的主要成分 SiO_2 极其致密，覆盖在硅单质的表面，因而硅单质能够稳定存在。

　　如图 3-12b 所示，②号区域的元素组成主要为 Fe、S 及少量的 O、Si、Al、Ca，其中 Fe 与 S 原子比约为 1∶2，与笔石中的分析方法类似，可推断该物质为黄铁矿，且以蜂窝颗粒状的形式存在，该黄铁矿在二次电子成像下其颜色及亮度并不明显；其余元素可能形成硅酸盐黏土矿物附着在黄铁矿表面。

如图3-12c所示，③号区域块体的元素组成主要为Ca、O，以及部分Mg、C，和少量的Si、Fe，以及极少量的Al。该块体晶形棱角分明，根据元素组成及薄片鉴定结果分析，推测该块体主要为碳酸盐矿物，且多以方解石和白云石为主，其表面附着有部分黏土矿物。

如图3-12d所示，④号区域的块体平面由Ca、O、Mg、C四种元素组成，且该块体右侧断口具有明显的河流花样特征，属于典型的脆性破坏，结合其元素组成及原子比推测为碳酸盐矿物，以方解石和白云石为主。⑤号区域的元素组成主要为O、Si、Al以及少量的Ca，根据以上的分析方法，推测该区域主要为一些黏土矿物如伊利石。

X射线衍射结果显示两种页岩样品中均含有大量石英。由于石英在砂岩等常规岩石中一般是有具体晶形的，而石英在页岩中几乎没有具体晶形，所以通常很难在扫描图中辨别出来。通过以上矿物试验分析，可以发现层理面笔石除了含有大量有机质外，其余矿物成分与均质岩体相似。据有关研究表明，在成岩演化过程中，高笔石丰度页岩中的笔石和干酪根大量生烃，并产生大量微纳米孔隙，从而形成优质页岩储集层段。所以，在结构上笔石也作为了一种微孔隙在层理面上发育。

综上所述，层理面笔石比均质岩体具有有机质含量高和作为微孔隙发育的特点，且有机质强度极弱。同时，笔石表面存在大量碳酸盐类沙粒屑，而方解石和白云石作为碳酸盐岩的主要造岩矿物，其脆性较大，化学性质不稳定，容易形成各式各样的裂缝和溶洞。因此，从材料和结构两方面上来讲，页岩破坏会优先选择沿有笔石分布的层理面进行；而对均质岩体来讲，无有机质分布且脆性矿物没有类似笔石形成"破坏带"来引导页岩的断裂，在结构上也比较致密且很少有微孔隙发育，所以裂纹起裂扩展难度较大。

3.3 单轴状态下页岩试件的动态压缩试验

3.3.1 动态压缩试验设计

利用分离式霍普金森杆试验系统研究岩石的动力学特性，需要满足一维应力波传播的假定。由于岩石材料不像金属材料那样均匀、致密，所以为了更好满足一维应力波的传播假定，在进行试验时，需要考虑岩石试样长径比的选取。长径比偏大的情况下，会导致试样在未达到应力平衡的状态时就发生破坏，不能反映岩石真实的动力学特性；长径比偏小的情况下，试件与杆之间会产生明显的摩擦效应。可通过设计合适的试件长径比来削弱其影响。本次试验采用长径比为0.5、直径为50 mm、厚度为25 mm的圆柱形试件，考虑4种层理角度，采用5个气压梯度，开展正交试验，试验设计见表3-4。

表3-4 试验设计

试件尺寸/mm	岩石层理角度/(°)	冲击气压/MPa
Φ50×25	0	0.25
	30	0.28
	60	0.31
	90	0.36
		0.39

3.3.2　单轴状态下页岩试件的动态压缩试验

1）典型应力–应变曲线特征分析

图 3-13 是页岩的典型应力–应变曲线，由图可以看出：页岩动态应力–应变曲线形态基本经历了线弹性阶段、弹塑性阶段、塑性阶段和破坏阶段。

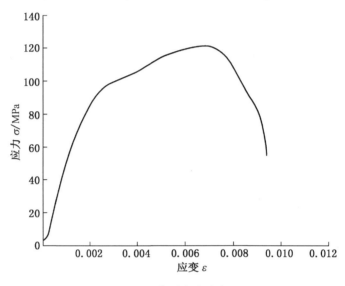

图 3-13　典型应力应变图

（1）在线弹性阶段，岩石内部存在大量微裂隙，并且层理面之间并未牢固接触，岩石在冲击荷载作用下，层理面相互贴合的更加紧密，内部微裂隙快速闭合，应力、应变快速增长，所以加速了岩石内部微裂隙的闭合速度，表现为在初始阶段其应力应变增长速率加快，岩石在初始阶段表现出较高的抵抗冲击载荷能力。

（2）在弹塑性阶段，应力–应变曲线表现为非线性的增长，弹性模量缓慢增加，在岩石内部微裂隙稳定且缓慢增长，同时，应力增长速度也比上一阶段变缓。

（3）在塑性阶段，随着应变的增加，弹性模量显著降低，应力增长速度变化近乎停止，并达到最大值；此时岩石内部的微裂隙相互贯通形成主裂纹，几条发育良好的主裂纹汇合导致试件最终在顶点处发生宏观破坏，这是脆性岩石破坏的显著特点。

（4）在破坏阶段，随着应变的增加，岩石内部包含大量的宏观破裂面，岩石应力出现卸载，试件发生快速变形。

2）0°页岩动态力学特性分析

图 3-14 所示是 0°页岩在 4 种不同应变率下的应力–应变曲线，由图可以看出：0°页岩动态应力–应变曲线形态经历了线弹性阶段、弹塑性阶段、塑性阶段和破坏阶段，各阶段的不同可以表示为岩石材料不同的力学特性；且在不同应变率下曲线走向大致相同，升降幅度略有不同。

（1）在线弹性阶段，不同应变率下页岩变化趋势相同，这是因为其内部存在大量微裂隙，并且层理面之间并未牢固接触，岩石在冲击荷载作用下，层理面相互贴合的更加紧密，内部微裂隙快速闭合，随着应变的增长，应力快速增长，所以加速了岩石内部微裂隙的闭合速度，岩石在初始阶段表现出较高的抵抗冲击荷载能力。

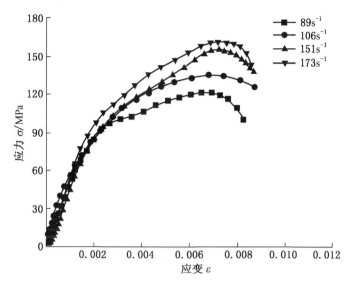

图 3-14　0°页岩应力-应变曲线

（2）在弹塑性阶段，应力-应变曲线表现为非线性的增长，弹性模量也缓慢增加，且随着应变率的增加弹性模量和应力均呈现递增式的变化。

（3）在塑性阶段，随着应变的增加，不同应变率下页岩的弹性模量都显著降低，应力增长速度变化近乎停止，并达到最大值；此时各岩石内部的微裂隙相互贯通形成主裂纹，几条发育良好的主裂纹汇合导致试件最终在顶点处发生宏观破坏；且应变率越大，页岩破坏越明显。

（4）在破坏阶段，随着应变的增加，不同应变率下的 0°页岩应力出现不同程度的卸载，此阶段岩石内部包含大量的宏观破裂面，且应变率越大，破裂面越密集，在此阶段页岩试件发生快速变形。

动态抗压强度因子 η 是岩石材料的动态抗压强度与其静态抗压强度的比值，它反映了岩石材料在冲击荷载作用下所改变的响应特征，主要表现为峰值强度的提高；选取页岩不同应变率下与静态的抗压强度比值，利用 Origin 绘制得到 0°层理页岩动态抗压强度因子随应变率的变化曲线（图 3-15），其动态抗压强度因子和应变率近乎为线性关系，即：

$$\eta = 4.25 \times 10^{-3}\dot{\varepsilon} + 0.6 \qquad R^2 = 0.89$$

动态弹性模量是衡量岩石材料在冲击荷载作用下刚度特性的参数，宏观可以反映岩石材料抵抗变形的能力，微观层面可以用来表征在岩石材料内部，其晶体颗粒相互联结的方式及联结程度，这对于岩石类材料具有较高的研究价值。而描述弹性模量的方式有很多种，包括混合模量、切线模量、割线模量和初始模量。本章采用初始模量表示，即取应力-应变曲线弹性阶段斜率的平均值。随着应变率的增加，曲线弹性阶段的斜率变化为先减小后增大的 U 形变化，即 0°层理页岩的动态弹性模量先减小后增大，如图 3-16 所示，0°层理角度页岩在冲击荷载作用下的动态弹性模量变化为：

$$E = 4.09 \times 10^{-3}\dot{\varepsilon}^2 - 0.98\dot{\varepsilon} + 90.62 \qquad R^2 = 0.931$$

0°层理页岩抵抗变形能力随着应变率的增加表现为先减小后增大。

图 3-17 所示是 0°页岩峰值应力和应变率之间的关系，由图可知，0°层理页岩的峰值

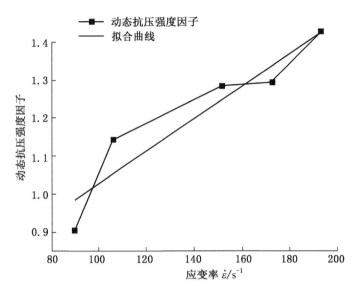

图 3-15　0°层理页岩动态抗压强度因子随应变率变化曲线

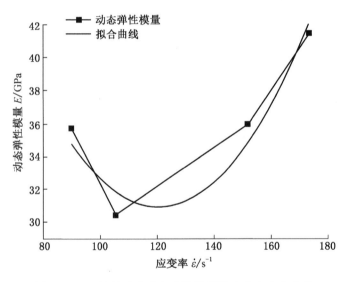

图 3-16　0°层理页岩动态弹性模量随应变率变化曲线

应力和应变率成一定的线性关系，即：

$$\sigma = -0.004\,\dot{\varepsilon}^2 + 1.65\dot{\varepsilon} + 13.54$$

图 3-18 所示是 0°页岩应变率和 SHPB 子弹冲击速度之间的关系，可以看出，0°页岩的应变率成较好的线性关系，即：

$$\dot{\varepsilon} = 1.06v^2 + 6.15v - 72.02$$

3）30°层理页岩动态力学特性分析

图 3-19 是 30°层理页岩在 3 种不同应变率下的应力-应变曲线，由图可以看出，30°层理页岩动态应力-应变曲线形态和 0°层理角度相类似，也经历了线弹性阶段、弹塑性阶段、塑性阶段和破坏阶段，不同的是在每个阶段对应的变化。

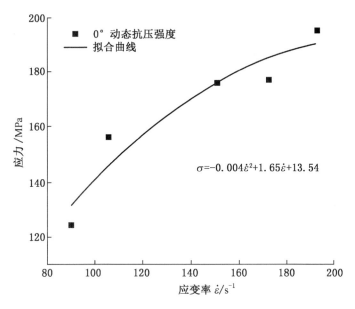

图 3-17　0°层理页岩峰值应力随应变率变化曲线

$$\sigma=-0.004\dot{\varepsilon}^2+1.65\dot{\varepsilon}+13.54$$

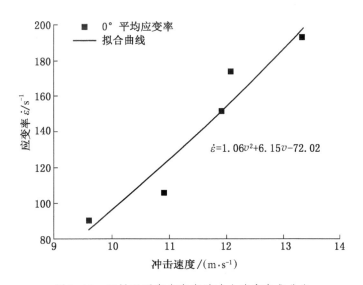

图 3-18　0°层理页岩应变率随冲击速度变化曲线

$$\dot{\varepsilon}=1.06v^2+6.15v-72.02$$

（1）在线弹性阶段，不同应变率下页岩变化趋势相同，这是因为其内部存在大量微裂隙，变化原因与 0°层理角度页岩相同；而在应力–应变曲线上弹性阶段持续时间明显较短，这可能是因为施加冲击荷载的方向和页岩层理角度的偏差，导致冲击荷载力在层理作用的有效时间较为短暂。

（2）在弹塑性阶段，应力–应变曲线表现为非线性的增长，弹性模量也缓慢增加，此时岩石材料内部主要以弹塑性变形为主。

（3）在塑性阶段，随着应变的增加，不同应变率下页岩的弹性模量都显著降低，应力增长速度变化近乎停止，并达到最大值；宏观表现为岩石材料表面出现破裂面，且随着应

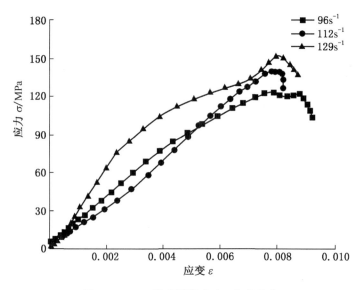

图 3-19　30°层理页岩应力-应变曲线

变率的增大，岩石材料破坏的程度越严重。

应力-应变曲线峰值处的尖点可能是由于 SHPB 杆端效应所致。

选取页岩不同应变率下与静态的抗压强度比值，利用 Origin 绘制得到 30°层理页岩动态抗压强度因子随应变率的变化曲线（图 3-20），其动态抗压强度因子和应变率近乎为线性关系，即：

$$\eta = 1.34 \times 10^{-2} \dot{\varepsilon} + 0.22 \qquad R^2 = 0.90$$

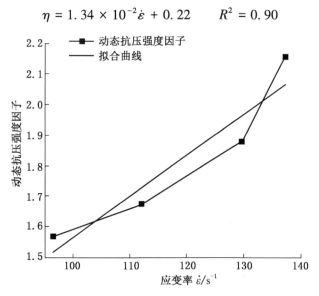

图 3-20　30°层理页岩动态抗压强度因子随应变率的变化曲线

本章动态弹性模量采用初始模量表示，即取应力-应变曲线弹性阶段斜率的平均值。随着应变率的增加，曲线弹性阶段的斜率也随之增加，如图 3-21 所示，30°层理角度页岩在冲击荷载作用下其动态弹性模量变化为：

$$E = 4.36 \times 10^{-3} \dot{\varepsilon}^2 - 0.7\dot{\varepsilon} + 45.38 \qquad R^2 = 0.998$$

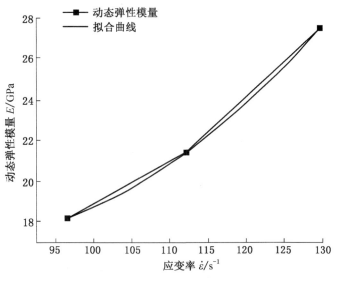

图 3-21　30°层理页岩动态弹性模量

30°层理页岩曲线变化近乎一条直线，即其抵抗变形能力随着应变率的增加也一直增大。

图 3-22 所示是 30°层理页岩峰值应力和应变率之间的关系，可以看出，30°层理页岩的峰值应力和应变率成一定的线性关系，即：

$$\sigma = 0.009\,\dot{\varepsilon}^2 - 1.28\dot{\varepsilon} + 159.33$$

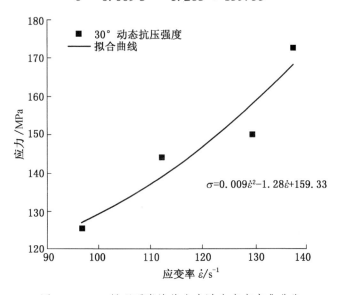

图 3-22　30°层理页岩峰值应力随应变率变化曲线

图 3-23 所示是 30°层理页岩应变率和 SHPB 子弹冲击速度之间的关系，可以看出，30°层理页岩的应变率成较好的线性关系，即：

$$\dot{\varepsilon} = -3.399v^2 + 88.91v - 445.70$$

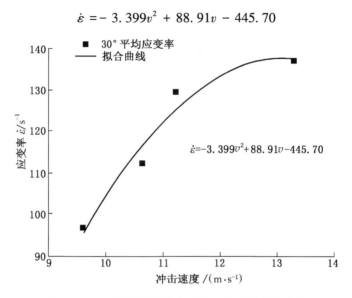

图 3-23　30°层理页岩应变率随冲击速度变化曲线

4）60°层理页岩动态力学特性分析

图 3-24 所示是 60°层理页岩在四种不同应变率下的应力-应变曲线，由图可以看出：60°层理页岩动态应力-应变曲线形态经历了线弹性阶段、弹塑性阶段、塑性阶段和破坏阶段，各阶段的不同可以表示为岩石材料不同的力学特性；且在不同应变率下曲线走向大致相同，升降幅度略有不同。

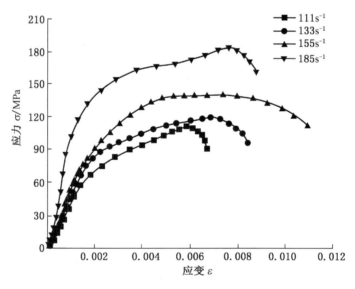

图 3-24　60°层理页岩应力-应变曲线

（1）在线弹性阶段，不同应变率下页岩变化趋势短暂且大致相同，短暂可能是因为冲击荷载方向和层理角度并非垂直关系，故冲击力作用在试件表面的时效性较短，导致线弹性阶段较为短暂。其变化趋势大致相同，这与 0°、30°的层理页岩相同，是随着内部裂隙的闭合和层理面的紧密贴合而形成，在此阶段也表现出较高的抵抗冲击荷载能力。

（2）在弹塑性阶段，不同于上一阶段，应力-应变曲线表现为非线性的增长，此时的弹性模量不同于0°、30°的层理页岩，其增长较为快速，且随着应变率的增加弹性模量和应力均呈现递增式的变化，符合应变率效应。

（3）在塑性阶段，随着应变的增加，不同应变率下页岩的弹性模量增长都显著变缓，应力增长速度变化近乎停止，并逐步达到最大值；与0°层理页岩类似，是因为此时各岩石内部的微裂隙相互贯通形成主裂纹，几条发育良好的主裂纹汇合，导致试件最终在顶点处发生宏观破坏；且应变率越大，页岩破坏越明显。

（4）在破坏阶段，随着应变的增加，不同应变率下的60°层理页岩应力出现不同程度的卸载，此阶段岩石内部包含大量的宏观破裂面，且应变率越大，破裂面越密集，在此阶段页岩试件发生快速变形。

动态抗压强度因子 η 是岩石材料的动态抗压强度与其静态抗压强度的比值，它反映了岩石材料在冲击荷载作用下所改变的响应特征，主要表现为峰值强度的提高，图3-25所示是60°层理页岩动态抗压强度因子和应变率的曲线，其动态抗压强度因子和应变率近乎呈线性关系，即：

$$\eta = 7.27 \times 10^{-3} \dot{\varepsilon} + 1.35 \qquad R^2 = 0.94$$

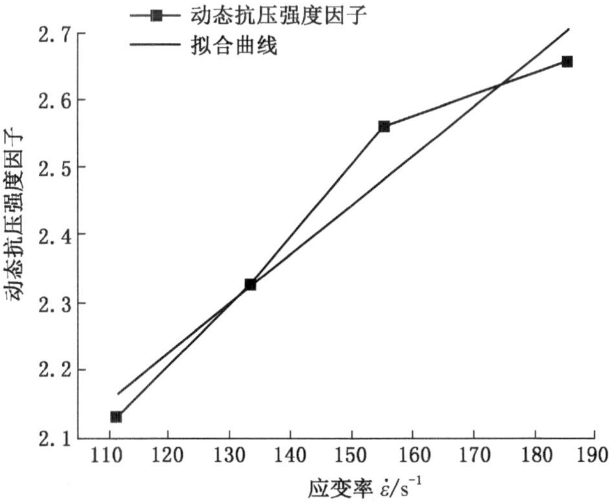

图3-25 60°层理页岩动态抗压强度因子随应变率变化曲线

本章动态弹性模量采用初始模量表示，即取应力-应变曲线弹性阶段斜率的平均值。随着应变率的增加，曲线弹性阶段的斜率也随之增加，如图3-26所示，60°层理页岩在冲击荷载作用下其动态弹性模量变化为：$E = 5 \times 10^{-3} \dot{\varepsilon}^2 - 1.25\dot{\varepsilon} + 115.11$，$R^2 = 0.99$；60°层理页岩曲线变化斜率由小逐渐变大，且最后近乎一条直线，即其抵抗变形能力随着应变率的增加也一直增大。

图3-27所示是60°层理页岩峰值应力和应变率之间的关系，可以看出，60°层理页岩的峰值应力和应变率呈一定的线性关系，即：

$$\sigma = 0.006 \dot{\varepsilon}^2 - 0.91\dot{\varepsilon} + 154.64$$

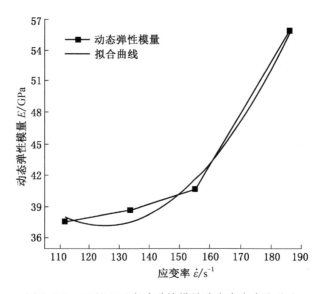

图 3-26　60°层理页岩动弹性模量随应变率变化曲线

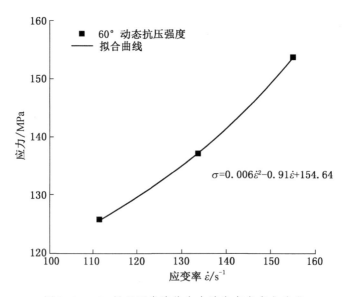

图 3-27　60°层理页岩峰值应力随应变率变化曲线

图 3-28 所示是 60°层理页岩应变率和 SHPB 子弹冲击速度之间的关系，可以看出，60°层理页岩的应变率呈较好的线性关系，即：

$$\dot{\varepsilon} = 1.74v^2 - 20.83v + 150.79$$

5）90°层理页岩动态力学特性分析

图 3-29 是 90°层理页岩在 4 种不同应变率下的应力-应变曲线，由图可以看出：90°层理页岩动态应力-应变曲线形态经历了线弹性阶段、弹塑性阶段、塑性阶段和破坏阶段，各阶段的不同可以表示为岩石材料不同的力学特性；且在不同应变率下曲线走向大致相同，升降幅度略有不同。

（1）在线弹性阶段，不同应变率下 90°层理页岩变化趋势相似且快速，冲击荷载作用

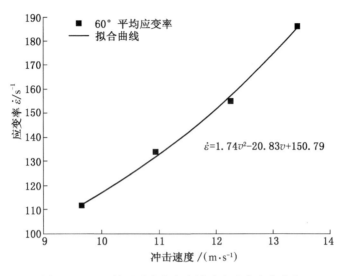

图 3-28　60°层理页岩应变率随冲击速度变化曲线

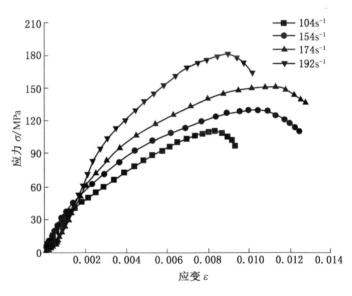

图 3-29　90°层理页岩应力-应变曲线

方向和90°层理方向相平行重合，冲击荷载在层理面间的作用时效短暂且快速，加速了页岩内部裂隙和层理面相互之间的分崩离析，故在此阶段表现出快速增长的态势。

（2）在弹塑性阶段，应力-应变曲线表现为非线性的增长，弹性模量也缓慢增加，且随着应变率的增加弹性模量和应力均呈现递增式的变化。

（3）在塑性阶段，随着应变的增加，不同应变率下90°层理页岩的弹性模量都显著降低，应力达到最高点后其增长速度近乎停止；此时各90°岩石内部的微裂隙和层理之间形成相互的宏观破裂，试件破坏，且应变率越大，页岩破坏的越明显。

（4）在破坏阶段，随着应变的增加，不同应变率下的90°层理页岩应力卸载趋势相同，此阶段岩石内部包含大量的宏观破裂面，且应变率越大，破裂面越密集。

动态抗压强度因子 η 是岩石材料的动态抗压强度与其静态抗压强度的比值，它反映了岩石材料在冲击荷载作用下所改变的响应特征，主要表现为峰值强度的提高。图 3-30 所示是 90°层理页岩动态抗压强度因子随应变率的变化曲线，其动态抗压强度因子和应变率近乎呈线性关系，即：

$$\eta = 8.79 \times 10^{-3}\dot{\varepsilon} + 0.42 \qquad R^2 = 0.89$$

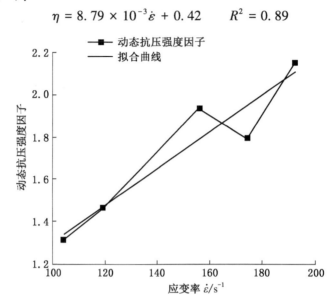

图 3-30　90°层理页岩动态抗压强度因子随应变率变化曲线

本章动态弹性模量采用初始模量表示，即取应力-应变曲线弹性阶段斜率的平均值。随着应变率的增加，曲线弹性阶段的斜率也随之增加，如图 3-31 所示，90°层理角度页岩在冲击荷载作用下其动态弹性模量变化为：

$$E = 2.56 \times 10^{-3}\dot{\varepsilon}^2 - 0.46\dot{\varepsilon} + 32.952 \qquad R^2 = 0.98$$

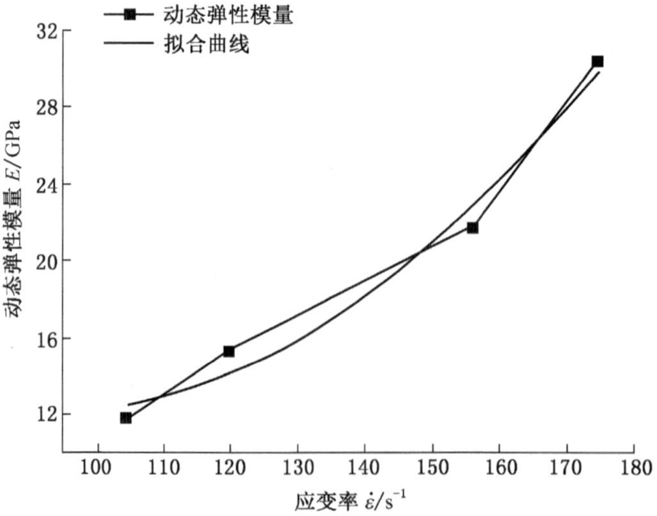

图 3-31　90°层理页岩动弹性模量随应变率变化曲线

90°层理页岩曲线变化斜率逐渐呈现一条直线，逐渐递增，即其抵抗变形能力随着应变率的增加也一直增大。

图 3-32 所示是 90°层理页岩峰值应力和应变率之间的关系，可以看出，90°层理页岩的峰值应力和应变率呈一定的线性关系，即：

$$\sigma = - 0.002\dot{\varepsilon}^2 + 1.39\dot{\varepsilon} - 7.8$$

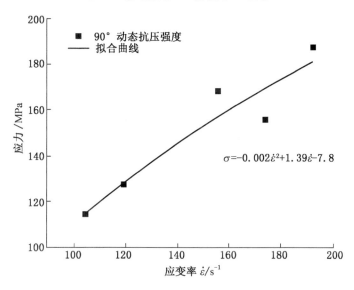

图 3-32　90°层理页岩峰值应力随应变率变化曲线

图 3-33 所示是 90°层理页岩应变率和 SHPB 子弹冲击速度之间的关系，可以看出，90°层理页岩的应变率呈较好的线性关系，即：

$$\dot{\varepsilon} = - 1.84v^2 + 67.51v - 378.15$$

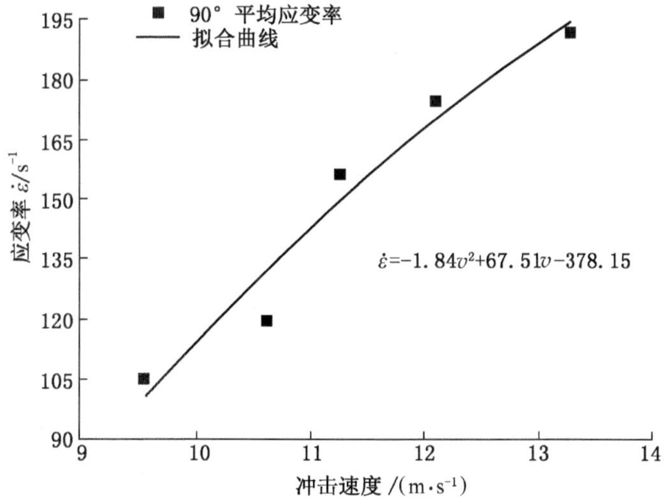

图 3-33　90°层理页岩应变率随冲击速度变化曲线

6）4 种层理角度页岩动态力学特性对比

前面分别对0°、30°、60°和90°层理页岩的应力-应变曲线、动态抗压强度因子随应变率变化曲线、动态弹性模量随应变率变化曲线进行了研究和分析，现将0°、30°、60°和90°层理页岩动态力学特性汇总进行横向对比，分析几种不同层理角度页岩的异同。

图3-34所示是0°、30°、60°和90°层理页岩的动态抗压强度分别在不同应变率下的变化散点图，不同角度动态抗压强随着应变率的增加有明显的增大，各角度层理页岩的动态抗压强度增大体现出明显的应变率效应。

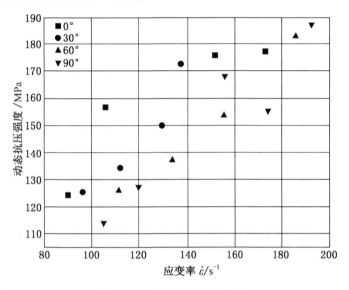

图3-34　动态抗压强度对比

图3-35所示是0°、30°、60°和90°层理页岩的动态弹性模量分别在不同应变率下的变化散点图，不同角度动态弹性模量随着应变率的增加有明显的增大，各角度层理页岩动态弹性模量增大体现出明显的应变率效应；且4种层理页岩动弹性模量按层理角度从大到小排布

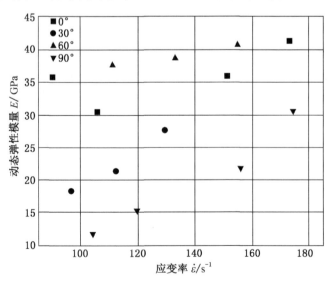

图3-35　动态弹性模量在不同应变率下的变化散点图

分别是 60°、0°、30° 和 90°，可以看到垂直层理的动态弹性模量最小：从宏观角度来看，正是因为垂直层理方向和冲击荷载相平行重合，所以其抵抗变形能力的刚度是四种层理角度中最弱的；从微观角度来看，正是因为垂直层理页岩内部层理面之间的贴合，裂隙之间结合受平行冲击荷载的影响最大，从而导致其动态弹性模量最小。相反，作为层理面和冲击荷载垂直的 0° 页岩，动态弹性模量并不是最大的，其中动态弹性模量变化幅度在 1.13 ~ 2.5 倍之间。

峰值应变是衡量岩石变形特征的重要指标，能够表征岩石在极限荷载作用下的变形能力，峰值应变对比如图 3-36 所示。0°、30°、60° 和 90° 层理页岩的峰值应变随着应变率的增加也近似呈线性增长，具有明显的应变率效应；且 4 种层理页岩峰值应变按层理角度从大到小排序依次为 0°、60°、30° 和 90°，依然可以看到垂直层理的峰值应变最小。结合对 4 种层理页岩动态弹性模量的分析可知：从宏观和微观角度来看，因为其内部裂隙、层理与冲击荷载方向的特殊性，所以其在极限荷载作用下抵抗变形能力是 4 种层理角度中最弱的。同理，由上述分析可知，对于 0° 层理页岩从宏观角度来看，其内部层理面之间的结合与冲击荷载方向相垂直；从微观角度来看，页岩内部裂隙受冲击荷载影响最小，故其抵抗冲击荷载能力最强，其中峰值应变变化幅度在 1.4 ~ 4.2 之间。

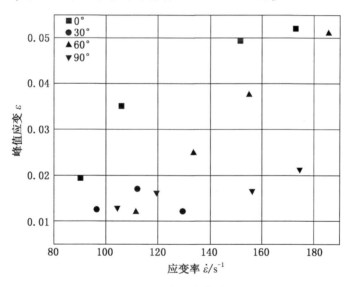

图 3-36　峰值应变对比

3.4　围压条件下页岩试件的动态压缩试验

对围压条件下的岩石动力学性质的研究，常用 SHPB 装置结合被动围压套筒装置或主动油压装置。本节试验通过采用主动围压装置和被动围压套筒装置，结合 50 mm 杆径的 SHPB 系统，对不同围压条件下的页岩试样进行不同打击杆速度下的冲击压缩试验，从而研究页岩试样在围压条件下的动态压缩性能。

3.4.1　主动围压下层理页岩动态力学特性分析

试验在中国矿业大学（北京）进行，采用 50 mm 杆径的 SHPB 试验系统，结合主动围压装置对页岩试件进行动态压缩试验，主动围压装置如图 3-37 所示，试验过程中，采用厂家定制的直径 50 mm 的橡胶圈包裹页岩试件，围压应力依靠液压产生，围压应力最高可加载至 30 MPa，在围压装置内试件受到高速撞击时，围压内壁限制试件产生径向变形，由此试件处于三向受力状态。试验通过手动加压至围压设定值，再对不同层理角度的页岩试件进行撞击。

图 3-37　主动围压装置图

1）试验方案的确定及试验结果

在同一冲击气压（0.35 MPa）下，对不同围压条件下的不同层理角度页岩进行 SHPB 冲击压缩试验，每组试验做 3 个有效试样。

不同主动围压条件下不同层理角度页岩的 SHPB 冲击试验结果见表 3-5，表中数值均为平均值。

表 3-5　在不同主动围压下不同层理角度页岩的 SHPB 冲击试验结果

层理角度/(°)	围压/MPa	应变率/s⁻¹	峰值应力/MPa	弹性模量/GPa	峰值应变/10⁻¹
	0	193.3	166	41.5	0.0714
0	15	447.1	195.2	41.9	0.1710
	25	487	227	42.4	0.2208
	0	129.6	143	23.4	0.0800
30	15	404.6	185.5	24.3	0.1528
	25	418.8	199.6	25.4	0.1820
	0	162.3	144	36.6	0.0720
60	15	443	180.8	37.5	0.1058
	25	475.3	209.7	38.8	0.1178
	0	192.4	165	36.4	0.0870
90	15	451.4	192.5	40.5	0.0933
	25	474.7	220.2	41.8	0.1051

2）主动围压下层理页岩动态力学特性分析

（1）围压对应力-应变曲线的影响。

通过在不同主动围压条件下进行同一加载气压下的冲击试验，得到了不同层理角度页岩的应力-应变曲线，如图3-38所示。

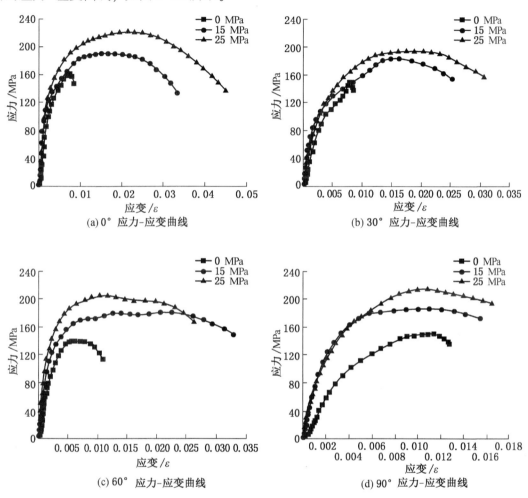

图 3-38　不同层理角度页岩应力-应变曲线

由图3-38可以看出：在主动围压条件下，4种层理角度页岩动态应力-应变曲线形态基本一致，均经历了弹性阶段、塑性阶段和破坏阶段；与无围压条件下的应力-应变曲线相比，其应力-应变曲线达到峰值后并不会出现明显的脆性破坏特性，而是显示出脆性向延性的转变，塑性段的延长是主动围压状态下的显著特征。可能因为在围压条件下三向受力使得各层理角度页岩在受到最大主应力时，其内部薄弱层理面的相互位移和微裂隙的贯通受到限制。

在主动围压下页岩处于一种高应变率状态，峰值应力显著提高，峰值应变也明显增大，页岩具有典型的冲击强化和围压增强特性，因此，深部岩石的实际赋存环境处于三向受压。由此可见围压荷载对岩石材料的影响一方面是提高了其破坏强度，增大了岩石的承载力；另外也增大了岩石的破坏应变，增强了其韧性。

在相同冲击条件下，对试验数据进行拟合，拟合结果如图3-39所示。

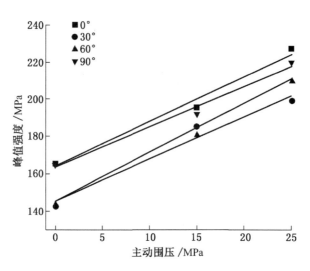

图 3-39　主动围压与不同层理角度页岩峰值强度的关系

不同层理角度页岩的峰值强度会随着主动围压的增大基本呈现线性增加，其拟合公式为：

$$\sigma_p = ap + \sigma_{p0} \qquad\qquad (3-1)$$

式中　σ_p——页岩的峰值强度，MPa；

p——主动围压大小，MPa；

σ_{p0}——无围压状态下页岩的峰值强度平均值，MPa；

a——与拟合相关的参数。

在不同主动围压条件下 a、σ_{p0} 和相关系数 R^2 见表3-6。

表 3-6　拟合系数 a、σ_{p0}、R^2

层理角度/(°)	a	σ_{p0} /MPa	R^2
0	2.40	164.05	0.981
30	2.30	145.24	0.972
60	2.51	143.31	0.948
90	2.17	163.52	0.986

拟合系数 a 反映了主动围压对页岩动态压缩强度的影响，主动围压的施加对 90° 层理页岩峰值强度的影响明显小于其他层理角度页岩。可能是由于在三向应力条件下薄弱层理面和最大主应力方向的平行，从而弱化了页岩在主动围压条件下抵抗冲击荷载的能力。总体来看，σ_{p0} 随着围压增加呈现先减小后增加的变化规律，且减小和增加幅度基本相同。

（2）围压对峰值应力、应变率的影响。

由表 3-5 得出不同围压条件下的峰值应力随层理角度变化规律，如图 3-40 所示。

由图 3-40 可知，在未施加围压时，峰值应力强度随着层理角度的增大呈现出 U 形的变化规律：0°最大，30°最小，分别为 166 MPa 和 143 MPa。施加围压后，不同层理角度页岩的峰值应力强度比无围压状态均有大幅度提高；在 15 MPa 围压条件下，随着层理角度

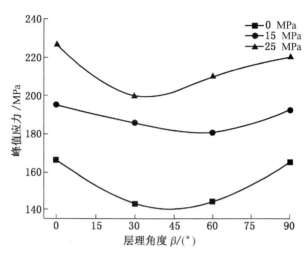

图 3-40　峰值应力随层理角度变化

增加，峰值应力强度分别增加了 15.8%、29.7%、18.3% 和 16.7%；在 25 MPa 围压条件下，随着层理角度增加，峰值应力强度分别增加了 36.7%、39.6%、45.6% 和 33.5%。这是由于在围压条件下页岩处于三向受力状态，受不同层理角度影响，层理面的相对滑移和内部裂隙的扩展受到抑制的情况不同，页岩动态压缩强度显示出各向异性特征。

　　由图 3-41 可知，施加围压后，不同层理角度页岩的应变率较无围压状态均有大幅度提高；在 15 MPa 围压条件下，随着层理角度增加，应变率分别增加了 131.3%、212.2%、173% 和 134.6%；在 25 MPa 围压条件下，随着层理角度增加，应变率分别增加了 152%、223.1%、192.9% 和 146.7%；通过增幅的比较发现，应变率显示明显的围压增强效应，这和上述研究研究结果相一致。

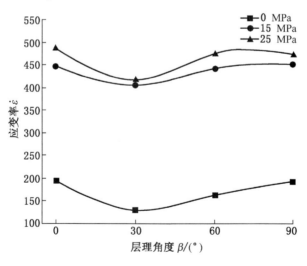

图 3-41　应变率随层理角度变化

（3）围压对峰值应变的影响。

由表 3-5 得出不同层理角度页岩在不同围压条件下的峰值应变变化规律，如图 3-42 所示。

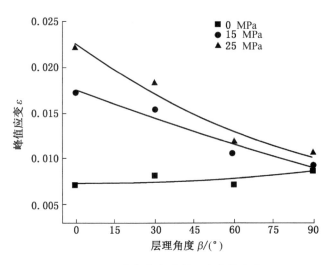

图 3-42　峰值应变随层理角度的变化

峰值应变是衡量岩石材料变形特征的另一个重要指标，其表征岩石材料在极限荷载作用下的变形能力。由图 3-42 可知，在未施加围压时，不同层理角度页岩的峰值应变几乎成一条直线，无明显变化；在施加围压条件下页岩峰值应变总体的变化趋势是随着层理角度的增加而减小，但其变化过程又可以分为两个阶段：①层理角度从 0° 增加到 60° 时，峰值应变快速下降，15 MPa 和 25 MPa 围压下峰值应变分别从 0.0171 和 0.02208 下降至 0.01058 和 0.01178，降幅分别为 61.6% 和 87.4%；②层理角度从 60° 增加到 90° 时，峰值应变缓慢下降，15 MPa 和 25 MPa 围压下峰值应变分别从 0.01058 和 0.01178 下降至 0.00933 和 0.01051，降幅分别仅为 13.4% 和 12.1%。

在此试验数据基础上，将页岩在 15 MPa 和 25 MPa 的峰值应变 ε 表示为层理角度 β 的两个函数：

$$\varepsilon = 1.583 \times 10^{-7} \beta^2 - 1.076 \times 10^{-4} \beta + 0.01742 \qquad R^2 = 0.95151 \qquad (3-2)$$
$$\varepsilon = 7.25 \times 10^{-7} \beta^2 - 2.0235 \times 10^{-4} \beta + 0.02246 \qquad R^2 = 0.96687 \qquad (3-3)$$

（4）围压对动态弹性模量的影响。

由表 3-5 得出不同层理角度页岩在不同围压条件下动态弹性模量的变化规律如图 3-43 所示。

在未施加围压条件下，随着层理角度的增大，动态弹性模量呈现先减小再增大再缓慢减小的变化趋势，在 0° 最大，在 30° 最小。在主动围压条件下，随着层理角度的增大，动态弹性模量的变化趋势和无围压时基本保持一致，且动态弹性模量值均大于无围压条件下。

受层理角度方向的影响，其中 90° 动态弹性模量随着围压增加的变化情况最为明显，可能是围压的施加对岩石内部的层理弱面和微裂隙产生了压密作用，从而抑制了岩石的侧向变形；而对于 0° 层理页岩，其层理弱面和微裂隙受围压影响较小，岩石侧向变形不明显，从而表现为动态弹性模量几乎没有变化。

3.4.2　被动围压下的页岩动态压缩试验

本节试验采用直径 50 mm 的分离式霍普金森压杆和被动围压套筒装置，对被动围压下

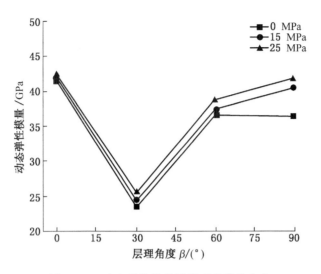

图 3-43　动态弹性模量随层理角度的变化

的页岩试样的强度特征进行研究。被动围压套筒装置采用 45 号钢制作，弹性模量 210 GPa，泊松比 0.269。套筒壁厚 4 mm、高 38 mm。在套筒中部布置环向应变片，测量钢制套筒环向应变。为减少被动围压套筒装置机械加工误差对试验结果的影响，在试件环向涂抹机油作为耦合剂。为防止应力波弥散，采用紫铜片作为波形整形器。带有被动围压装置的 SHPB 试验系统示意图如图 3-44 所示。

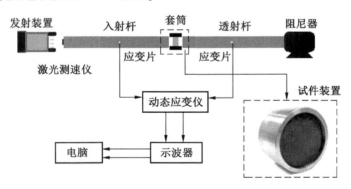

图 3-44　带有被动围压装置的 SHPB 试验系统示意图

　　加载时，泊松效应导致页岩试件发生径向膨胀，此时套筒会对页岩试件起到径向约束作用，使页岩试件处于三向受压状态。

　　本节试验共设计了 5 个冲击速度，试验过程中 SHPB 试验系统气压稳定，冲击气压梯度分别为 0.28 MPa、0.30 MPa、0.33 MPa、0.36 MPa 和 0.39 MPa，炮弹冲击速度与冲击气压具有显著的线性关系，如图 3-45 所示，对 4 类层理角度（0°、30°、60°和 90°）开展两因素（是否具有围压条件、不同层理角度）的正交试验，采用冲击加载的方式。为了保证试验的有效性和准确性，每组试验重复 3 次，共进行冲击试验 120 次。

　　1）环向应力的获取

　　被动围压下的页岩在轴向加载过程中，由于岩石存在泊松效应，页岩试件会发生径向

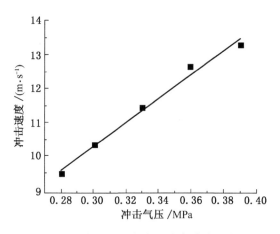

图3-45　冲击气压与冲击速度关系示意图

膨胀变形，由于套筒对试件径向位移的约束，使试件受被动围压作用而处于三向受压状态。

假设在加载过程中，套筒仅受均匀内压 p 的作用且套筒始终处于弹性状态，由弹性厚壁圆筒理论[56]可求得圆筒内任意点的环向应力和径向应力：

$$\left.\begin{array}{l} \sigma_\rho = \dfrac{a^2 p}{b^2 - a^2}\left(1 - \dfrac{b^2}{\rho^2}\right) \\[3mm] \sigma_\varphi = \dfrac{a^2 p}{b^2 - a^2}\left(1 + \dfrac{b^2}{\rho^2}\right) \end{array}\right\} \tag{3-4}$$

式中　σ_ρ、σ_φ——套筒径向正应力和环向正应力，为该点的极坐标；

b——圆筒外径；

a——圆筒内径。

由上式，在圆筒内壁 $\rho = b$ 处有：

$$(\sigma_\varphi)_{\rho=b} = \frac{2a^2}{b^2 - a^2}p \tag{3-5}$$

忽略套筒内壁与页岩试件间的摩擦作用，认为套筒内壁所受压应力即是页岩试件所受围压值，由牛顿第三定律，可得页岩试件所受围压值为：

$$\sigma_3 = p = \frac{b^2 - a^2}{2a^2} \cdot (\sigma_\varphi)_{\rho=b} = \frac{b^2 - a^2}{2a^2} \cdot E_1 \cdot \varepsilon_\varphi \tag{3-6}$$

式中　E_1——钢制套筒弹性模量；

ε_φ——应变片测得的套筒环向应变。

2）冲击荷载作用下应力–应变曲线

被动围压下冲击试验所得典型应力–应变曲线如图3-46所示。被动围压的加载作用使得页岩试件的完整性得到显著增强，这点在图3-46中有所体现，无围压试验中页岩试件在加载前期存在显著的弹性压密阶段，并且其线弹性段斜率有一定的离散性；被动围压试验则与之不同，由于围压的加载作用，使页岩处于三向受压状态下，受载后迅速被压密，页岩试件的离散性减弱，表现出均质岩体的共同特征，所以其线弹性段斜率近乎吻合，且无明显的弹性压密阶段。

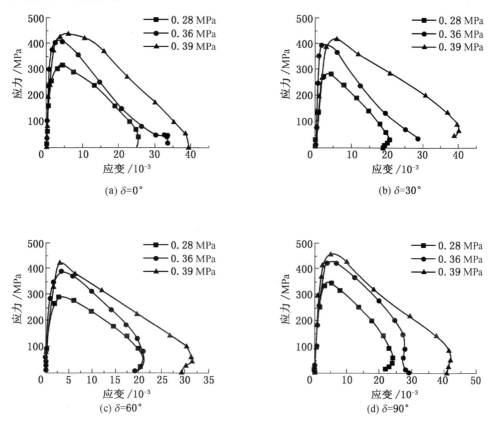

图 3-46 被动围压下不同层理角度页岩的典型应力-应变曲线

被动围压的存在抑制了页岩由层理弱面发生的张拉破坏，提高了页岩的抗压承载力，与无围压试验中页岩试件均发生破坏不同的是，被动围压试验中的页岩试件在加载过后仍保持完整，体现出了良好的延性特征，但由应力-应变曲线仍可看出，页岩试件出现了显著的塑性变形，因此加载过程也无疑加剧了页岩试件内部的损伤。

3）页岩屈服强度的变化规律

本节取页岩试件产生 0.2% 残余变形的应力值作为其屈服强度，取值方式如图 3-47 所示，试验所得页岩屈服强度如图 3-48 所示。

可见与无围压条件下的冲击试验结果相比，被动围压下，页岩试件的塑性显著提高。在相同的冲击气压梯度下，被动围压条件下页岩试件的屈服强度提高 2.25～3.06 倍。其原因是在被动围压条件下，页岩受三向应力作用，页岩试件的完整性得到了提高，页岩基质的连续性增强，提高了页岩试件的弹性模量，因此使其屈服强度得到了提高。

同时由图 3-48 可以看出在相同的冲击气压下，60°层理页岩试件最容易屈服，0°层理页岩试件和 90°层理页岩试件最难发生屈服。0°层理页岩在加载时，冲击荷载与层理面垂直，试件力学性质接近于完整岩体，因此较难发生屈服；90°层理页岩试件在加载时，冲击荷载直接作用于页岩基质，基质刚度大，不易发生屈服；由莫尔-库仑理论，岩石试件破坏面位置与大主应力作用面呈 α_f 角，由文献 [15] 可知龙马溪组页岩内摩擦角为 30°附

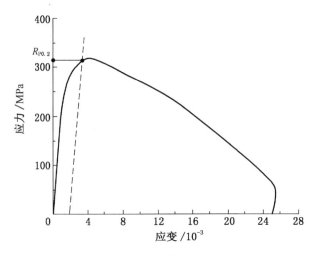

图 3-47　屈服强度的确定方式

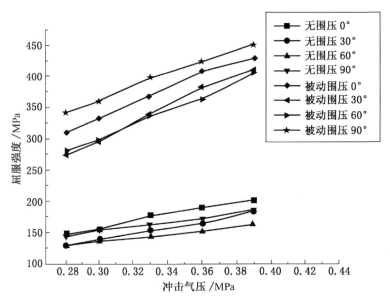

图 3-48　不同冲击气压下页岩试件的屈服强度

近，因此龙马溪组页岩破坏面约为 60°附近（$\alpha_f = 45° + \varphi/2 = 60°$），与 60°页岩层理弱面位置相近，因此极易发生沿层理弱面的剪切滑移，所以致使其最易发生屈服。

4）页岩的峰值应力分析

继续提取试验所得应力-应变曲线所对应的峰值应力，得到无围压与被动围压条件下应力峰值同冲击气压的关系曲线，如图 3-49 所示。在本试验中，被动围压条件下的页岩的应力峰值相较于无围压条件下的试验显著提高，为无围压条件下的 1.8~2.5 倍。这是由于被动围压的约束作用，不仅提高了页岩试件的完整性，增强了页岩试件承担和传递荷载的能力，同时约束了页岩由层理弱面发生的滑移失稳破坏，提高了页岩试件的强度和延性。应力峰值的变化规律与"3）页岩屈服强度的变化规律"中页岩屈服强度变化的规律相同，也体现出较强的层理差异性，具有鲜明的横观各向同性特征，在相同的冲击气压下，0°层理页岩试件和90°层理页岩试件的峰值应力较大，30°层理页岩试件次之，60°层理页岩试件最小。

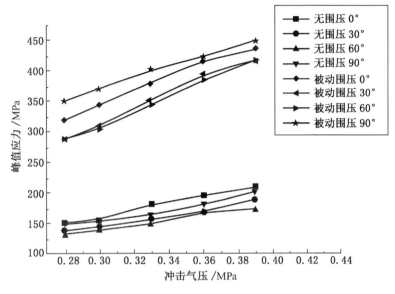

图3-49 冲击试验中页岩试件的峰值应力

5）被动围压值分析

在轴向冲击荷载作用下，轴向变形既是内部裂隙发展的度量，也是内部裂隙闭合的度量，因而并不能确切反映岩石损伤的发展状况，而环向变形受荷载条件影响较小，可以更好反映页岩试件损伤发展的情况。在本试验中，被动围压的产生是由于页岩试件发生环向变形挤压套筒所致，因此被动围压峰值的变化也同时反映了页岩损伤发展的情况。图3-50所示为典型环向应力时程曲线。

图3-51所示为不同冲击气压下的环向应力示意图，可见在冲击气压梯度较低时，各层理页岩试件的环向应力相差较小，离散性较低，而随着冲击气压梯度的提高，不同层理角度试件的环向应力值逐步趋于离散，30°和60°层理页岩试件的环向应力值要显著高于0°和90°层理页岩试件。

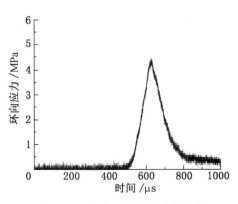

图3-50 典型环向应力时程曲线

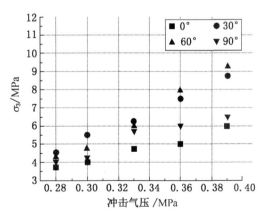

图3-51 不同冲击气压下的环向应力示意图

　　结合本"小节3)"中对页岩屈服强度变化规律的分析，出现环向应力离散也是由于各层理页岩试件达到屈服的难易程度不同所造成的。在冲击气压梯度提高之后，环向变形不仅受泊松效应的影响，同时伴随损伤累积所产生的不可逆变形，由于0°层理页岩试件和90°层理页岩试件的力学性质更接近于完整岩体，而30°层理页岩试件和60°层理页岩试件要劣于0°层理页岩试件和90°层理页岩试件，因此随着冲击气压的提高，其劣化速度也显著高于0°层理页岩试件和90°层理页岩试件。

　　6）页岩的损伤规律分析

　　无围压条件下页岩试件的破坏模式以径向拉伸破坏为主，破坏不仅沿层理弱面展开，还存在沿页岩基质的破坏面。在被动围压下，试件处于三向受压状态，由于试件内部绝大多数受压裂纹都是闭合裂纹，裂纹之间的物质具有不可入性，使得裂纹面只能产生相对滑动，同时由于裂纹面之间摩擦作用的存在，使得裂纹难以进一步扩展，因此在本试验所设置的冲击气压梯度下，页岩试件并未发生破坏。但加载后仍加剧了页岩试件的损伤程度，由惠更斯原理可知，岩石试件内部存在许多微破裂面，当声波到达这些微破裂面时，会发生反射、折射和绕射现象，造成声波波速降低，因此可以通过声速的测量来确定页岩试件的损伤。引入损伤变量 D 来反映页岩试件的损伤发展情况，有：

$$D = 1 - \left(\frac{v}{v_0}\right)^2 \tag{3-7}$$

式中　　v_0、v——加载前、后的超声波纵波波速。

　　D 值等于 1 时代表试件完全破坏，D 值为 0 时，说明试件没有损伤。应变率与损伤变量 D 的关系如图 3-52 所示。

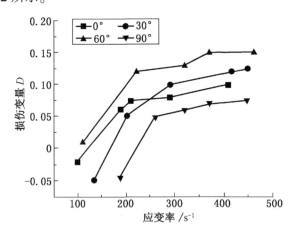

图 3-52　被动围压条件下页岩损伤变量 D 同应变率的关系

　　由图 3-52 可见，在冲击荷载作用下，页岩试件的损伤发展在低应变率下出现了负损伤现象，即在三向应力作用下，页岩试件的完整性得到了增强。张全胜提出了基准损伤、正损伤和负损伤的概念，并定义负损伤为岩石微裂纹、微孔洞的闭合。岩石并不是一种理想弹性体，而是带有弹-塑性、塑-弹性等性质的天然损伤材料，在岩石受力变形过程中，岩石的微裂隙和孔洞压密都是不可恢复变形，类似于循环加载过程，在应力高于弹性极限而不高于其抗压强度时卸载，岩石的循环加载曲线会出现回滞，弹性模量增大，这个现象被称为强化现象。且由大量试验结果证明，岩石存在疲劳损伤阈值，当荷载越高于阈值，岩石试件的损伤累积就越严重。在低应变率下，荷载接近疲劳损伤阈值，损伤累积较小，变形主要发生在页岩试件内部，微裂纹、微孔洞被压密，所以导致页岩试件的超声波纵波测速结果增大，页岩试件出现负损伤。

同时，由图 3-52 中损伤变量 D 随页岩应变率发展的趋势可见，在应变率提高的初期，页岩损伤发展较为迅速，而随着应变率的提高，损伤的发展开始减缓。这是由于在应变率较低时，页岩试件的损伤主要发生在层理弱面，由于页岩的层理弱面主要由胶结物组成，胶结作用力小，极易受载后发生滑移失稳，因此其对荷载值增减具有极强的敏感性，但受制于三向应力的约束作用，层理弱面的滑移被限制在一个范围内；而随着冲击荷载的继续提高，页岩内部的裂纹扩展不仅发生在层理弱面，同时出现在页岩基质内，但由于基质的刚度大，裂纹扩展受阻，因此其损伤发展随应变率的变化逐渐变缓。

3.5 页岩试件的动态劈裂抗拉试验

在静荷载作用下，岩石的抗压强度远大于抗拉强度，随着裂隙的发育和贯通，岩石发生破坏。在实际工程中，岩石的破坏都是在一定加载率条件下，因此在研究岩石材料的材料力学特征时，需要考虑材料本身的应变率效应。进行岩石拉伸试验的主要方法有直接单向拉伸试验、对轴压模拉伸试验和巴西劈裂试验等。其中，巴西劈裂试验简单易行，理论非常成熟。本章采用直径为 50 mm 的 SHPB 系统，以不同打击杆速度冲击页岩巴西圆盘试样，从而对 0°、90°层理页岩动态抗拉性能进行研究，分析层理面对页岩抗拉性能的影响。

3.5.1 动态劈裂拉伸试验设计

页岩动态拉伸力学性能试验在 SHPB 系统上进行，页岩动态试验中，通过改变冲击气压的大小来实现不同的应变率。0°层理页岩和 90°层理页岩加载的冲击气压均选用 0.54 MPa、0.56 MPa、0.58 MPa、0.60 MPa、0.62 MPa 等不同梯度等级，每组试验重复 3 次。试验时将试件沿直径方向加载在入射杆和透射杆之间，保证试件径向轴线与两杆轴线在一条线上，并在试件与端面接触位置涂抹凡士林，降低摩擦阻力，减小端部约束对试验的影响。本次试验试件采用直径 75 mm、厚度 37.5 mm 的圆盘形试件。试验开始前，先进行系统调试，调试好系统之后，将试件放置在加载位置，保证试件与入射杆、透射杆紧密贴合，为了防止试件碎片飞溅，可以加上保护装置。

动态劈裂试验在霍普金森杆实验室进行，试验在两杆间的夹持如图 3-53 所示。

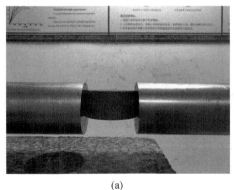

(a)   (b)

图 3-53 试件加载

3.5.2 动态抗拉强度与应变率的关系

对试验数据进行降噪后，采用二波法进行处理，得到应变率、动态抗压强度、径向峰值应变，结果见表3-7、表3-8。

表3-7 0°层理页岩动态劈裂的试验结果

编号	气压/MPa	应变率/s⁻¹	动态抗拉强度/MPa	径向峰值应变（ε）
t0-1	0.54	60.62	19.03	0.0049
t0-2	0.54	57.96	20.68	0.0064
t0-3	0.54	54.99	18.17	0.0056
t0-4	0.56	65.07	24.93	0.0077
t0-5	0.56	67.53	23.39	0.0075
t0-6	0.56	69.45	26.28	0.0083
t0-7	0.58	75.38	28.17	0.0092
t0-8	0.58	77.16	27.07	0.0088
t0-9	0.58	79.94	28.36	0.0096
t0-10	0.60	86.83	31.70	0.0103
t0-11	0.60	86.35	32.77	0.0127
t0-12	0.60	84.03	32.62	0.0114
t0-13	0.62	89.82	33.33	0.0126
t0-14	0.62	90.7	34.81	0.0135
t0-15	0.62	89.73	32.04	0.0121

表3-8 90°层理页岩动态劈裂的试验结果

编号	气压/MPa	应变率/s⁻¹	动态抗拉强度/MPa	径向峰值应变（ε）
t90-1	0.54	50.08	16.69	0.0046
t90-2	0.54	54.74	18.28	0.0054
t90-3	0.54	56.01	20.99	0.0059
t90-4	0.56	69.7	23.15	0.0072
t90-5	0.56	62.92	22.39	0.0065
t90-6	0.56	65.29	24.11	0.0083
t90-7	0.58	74.51	24.29	0.0091
t90-8	0.58	78.98	26.52	0.0096
t90-9	0.58	76.17	27.44	0.0102
t90-10	0.60	82.07	29.09	0.0126
t90-11	0.60	83.76	27.61	0.0113
t90-12	0.60	80.02	27.97	0.0119
t90-13	0.62	90.63	32.32	0.0146
t90-14	0.62	89.94	31.03	0.0155
t90-15	0.62	89.72	30.12	0.0131

从图 3-54、图 3-55 可以看出，两种层理条件下页岩的动态抗拉强度具有明显的应变率相关性，且随应变率的增大而增大，呈近似线性关系。对比两种情况下的线性函数关系式，0°层理页岩加载时的斜率比 90°层理页岩加载时的斜率大，表明 0°层理页岩比 90°层理页岩的动态抗拉强度对应变率的变化更为敏感；同时可以发现，0°层理页岩加载的动态抗拉强度比 90°层理页岩加载的动态抗拉强度要大。

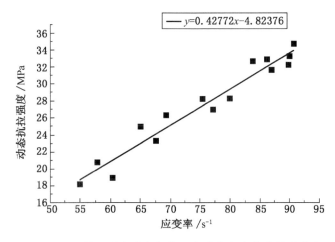

图 3-54 0°层理页岩动态抗拉强度随应变率变化关系曲线

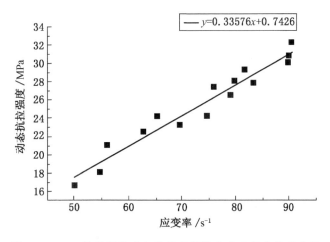

图 3-55 90°层理页岩动态抗拉强度随应变率变化关系曲线

3.5.3 应力-应变曲线分析

图 3-56、图 3-57 分别是 0°层理页岩、90°层理页岩动态劈裂拉伸应力-径向应变曲线。

对比图 3-56、图 3-57，可以发现 0°层理页岩、90°层理页岩动态劈裂拉伸应力-径向应变曲线的相同点：曲线一般都可分为两个不同的区段，即初始线弹性变形阶段和非线性破坏阶段。

第一阶段为页岩的初始线弹性变形阶段：在这个阶段，应力迅速增大，逐渐达到应力峰值，应力-应变曲线接近线弹性变形，初始弹性模量较大，主要是由于页岩内部的微裂

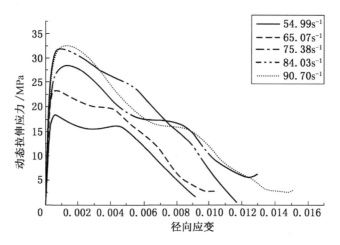

图 3-56　0°层理页岩动态劈裂拉伸应力-径向应变曲线

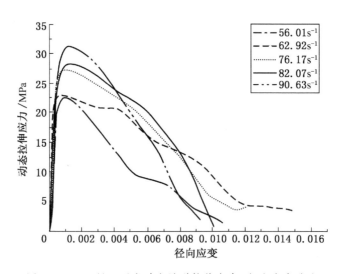

图 3-57　90°层理页岩动态劈裂拉伸应力-径向应变曲线

隙在受到动态冲击时，还没有来得及闭合，表现出一定的抗冲击韧性。

第二阶段为页岩的非线性变形破坏阶段：这一阶段应变大幅增大，应力逐渐降低，应力-应变曲线向下弯曲，表现出一定的延性变形，页岩内部微裂纹迅速扩展，直至发生宏观破裂，沿加载径向劈裂分为两个部分。

对比图 3-56、图 3-57，同时可以发现 0°层理页岩、90°层理页岩动态劈裂拉伸应力-径向应变曲线的不同点，具体如下。

（1）应变率接近的情况下，可以发现：0°层理页岩试件的径向应力峰值大于 90°层理页岩试件的径向应力峰值；平行层理加载的页岩试件的应变峰值小于垂直层理加载的页岩试件。

（2）0°层理页岩试件的初始阶段的弹性模量大于 90°层理页岩试件。

（3）0°层理页岩试件拉伸应力-径向应变曲线，在非线性变形破坏阶段应力减小的过程中有一定的平台段，90°层理页岩试件不明显。

3.5.4   动态破坏模式

图 3-58、图 3-59 为 0°页岩和 90°页岩在不同应变率下的破坏形态。

(a) $\dot{\varepsilon}$=57.96s⁻¹   (b) $\dot{\varepsilon}$=75.38s⁻¹   (c) $\dot{\varepsilon}$=90.7s⁻¹

图 3-58   0°页岩破碎形态

 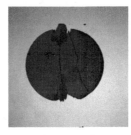 

(a) $\dot{\varepsilon}$=54.74 s⁻¹   (b) $\dot{\varepsilon}$=76.17 s⁻¹   (c) $\dot{\varepsilon}$=89.72s⁻¹

图 3-59   90°页岩破碎形态

可以看出，0°层理页岩、90°层理页岩的破碎形态有所差异。破坏形态的共同点：两种层理的页岩低应变率时有一条主裂纹，表现为单剪切面的拉剪劈裂破坏，随着应变率的增大，试件在径向加载端面处出现了局部压碎区域；两种层理的页岩出现两条至多条贯穿主裂纹，能量沿着裂纹方向积聚，主裂纹附近出现次生裂纹，导致断裂面不规则，且出现层理片状岩块，表现为张拉劈裂破坏。破坏形态的差异性：90°层理页岩的破坏主要表现为沿层理面方向破坏成两大块的劈裂破坏，0°层理页岩的破坏主要为沿垂直层理面方向的层状劈裂破坏，表现出一定的层理效应。

4　页岩断裂破坏形态及断裂机理研究

在页岩气的实际工业开采过程中，在页岩气井钻进完成后，由于页岩气储层基质孔隙不发育、渗透率极低，只有少数天然裂缝特别发育的井可直接投入生产；大多数井的页岩储层都需要进行人工酸化、压裂等改造手段来形成裂缝体系，实现增透储层孔隙度和渗透率的目的，从而获得比较稳定的页岩气流。目前，对页岩气储层进行增产改造的关键手段主要为水力压裂技术，而国内外水平井压裂现场施工中经常会出现破裂压力高、裂缝压不开等现象，这说明我们目前对水平井水力裂缝的起裂机制认识还不够深刻和全面。而致裂页岩储层形成有效裂纹网是页岩气开采获得理想气流的先决条件，因此，研究页岩的断裂问题具有十分重要的现实意义。

4.1　页岩动态断裂韧度测试试验方法及原理

本章综合考虑了加载方向与页岩层理结构面所呈的不同方位，设计加工了 3 种类型的 NSCB 试件，确定了加载方式，并对 SHPB 试验系统测试页岩动态断裂韧度的试验方法及原理进行了阐述。

4.1.1　试件加工及试验设计

试验所用页岩样品取自四川省宜宾市长宁地区的露头页岩，位于长宁—威远页岩气采区，属于志留系龙马溪组。页岩呈墨黑色，层理发育明显。

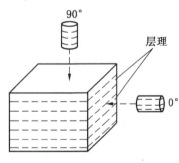

图 4-1　页岩定向取芯示意图

层理结构是页岩区别于其他岩石的主要特征，为了研究不同层理方向页岩的力学特性，在对页岩取芯时，综合考虑了取芯方向与页岩层理结构面的角度关系。如图 4-1 所示，对采集的页岩块进行了两种不同方向的取芯，分别为垂直层理方向的 90°取芯和平行层理方向的 0°取芯。考虑到这两种取芯是页岩层理方向的两个"极端"，最能体现页岩的不同层理特性，所以在设计试验时着重对这两种层理方向的页岩特性进行了研究。

NSCB 试件的加工方法：先利用内径为 100 mm 的自动取芯机从页岩块上钻取直径为 100 mm 的圆柱试样，再利用自动切石机进行切割，制成巴西圆盘试样。为了加工成 ϕ100 mm×45 mm 的巴西圆盘试样，在切割时圆盘高度要略大于 45 mm，为后续的磨平留有一定的空间；再用双端面磨平机进行抛光打磨，控制端面和轴向不平整度在 0.02 mm 内，并且端面垂直于轴线，最大偏差不超过 0.25°，以满足试验的要求。

完成巴西圆盘试样的制作之后，利用数控线切割机对其进行等分线切割，分为大小相同的两个巴西半圆盘，再对半圆盘试件进行预制裂纹处理，制成 NSCB 试件，如图 4-2 所示。预制裂纹位于半圆盘的中心线处，裂纹宽度为 0.3 mm，裂缝尖端用金刚石线锯进行锐化处理，控制裂纹尖端宽度为 0.1 mm。

| (a) 巴西圆盘线切割 | (b) 半圆盘切缝处理 |

图 4-2　NSCB 试件制作

加工的 NSCB 试件尺寸规格见表 4-1。

表 4-1　NSCB 试件尺寸规格　　　　　　　　　mm

直径 D	厚度 B	预制裂纹长度 a	预制裂纹宽度	裂纹尖端宽度
100	45	10	0.3	0.1

为了探究页岩动态断裂韧度的层理效应，在加工 NSCB 试件时，根据加载方向与层理结构面所呈的不同方位，设计了 3 种类型的试件，分别命名为 Crack-divider 型、Crack-splitter 型、Crack-arrester 型，分别简称 C-D 型、C-S 型、C-A 型，如图 4-3 所示。根据试验的实际需要，每种类型试件制作了 4 组，每组 5 个，备用试件每种类型试件 5 个，共加工试件 75 个。

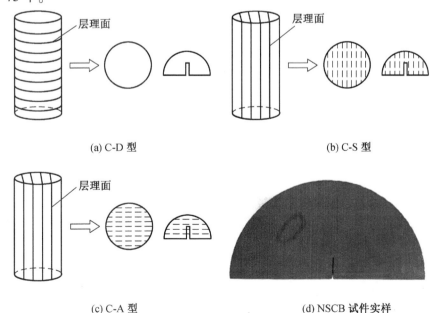

| (a) C-D 型 | (b) C-S 型 |

| (c) C-A 型 | (d) NSCB 试件实样 |

图 4-3　3 种类型页岩 NSCB 试件及实样

4.1.2　动态断裂韧度测试原理

1) 动态起裂韧度测试原理

在 SHPB 压缩试验中，试件相对完整且与杆件贴合紧密，两个基本假定比较容易实现。而对于含预制裂纹 NSCB 试件的断裂试验来讲，如图 4-4 所示，在加载过程中，应力波不仅在试件内部进行来回的折反射，而且还在裂纹处存在着散射等能量的消散和释放，此时试件处于三维应力状态，应力波不再遵循一维假定。所以，保证该类试件能够基于一维应力波假定进行计算分析是处理此类问题的关键。对此，提出了 SHPB 动态力平衡的假定，见式（2-58）、式（2-59），且已知试件两端达到动态力平衡是使用准静态公式计算动态起裂韧度的前提。那么在试验中，如果能够控制试件左右两端的力达到平衡，即 $F_1 = F_2$，就意味着应力波在试件中进行了来回多次的折反射，实现了动态力平衡，此时裂纹边界效应可以忽略。同时，也进一步证明了试件在受载的瞬间是处于一维应力状态的。

所以，在采用准静态公式计算动态起裂韧度之前，必须对试件是否达到动态力平衡进行验证。如图 4-5 所示，试件左右两端的力 $F_1 = F_2$ 典型平衡曲线，两条曲线基本实现了重合，即认为该试件为有效试件。在动态力平衡验证完毕之后，对符合条件的有效试件进行数据处理，然后进行动态起裂韧度的计算。

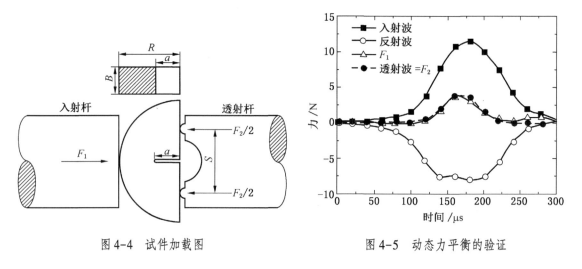

图 4-4　试件加载图　　　　　　　　图 4-5　动态力平衡的验证

根据国际岩石力学学会（ISRM）测试标准，利用 SHPB 加载对 NSCB 试件施加平衡力，试件中心的预制裂纹发生 I 型断裂。那么，裂纹尖端的动态应力强度因子表示为：

$$K_I^d(t) = \frac{F(t)S}{BR^{3/2}}Y(\alpha_a) \qquad (4-1)$$

式中　　R、B——试件半径及厚度；

　　　　S——透射杆两支撑点间距；

　　　　$F(t)$——试件两端动荷载历程；

　　　　$Y(\alpha_a)$——无量纲函数，可通过数值计算得到，取决于预制裂纹的几何参数。

定义无量纲预制裂纹长度为 $\alpha_a = a/R$，无量纲支撑点间距为 $\alpha_s = S/D (D = 2R)$。其中，α_s 的建议值为 0.55，当 $0.15 < \alpha_a < 0.5$ 时，$Y(\alpha_a)$ [64] 函数可表示为：

$$Y(\alpha_a) = 0.5037 + 3.4409\alpha_a - 8.0792\alpha_a^2 + 16.489\alpha_a^3 (\alpha_s = 0.50) \qquad (4-2)$$

$$Y(\alpha_a) = 0.4670 + 3.9094\alpha_a - 8.7634\alpha_a^2 + 16.845\alpha_a^3 (\alpha_s = 0.55) \qquad (4-3)$$

$$Y(\alpha_a) = 0.4444 + 4.2198\alpha_a - 9.1101\alpha_a^2 + 16.952\alpha_a^3 (\alpha_s = 0.60) \qquad (4-4)$$

应力强度因子的工程意义是用来判定含有工程结构裂纹材料是否会发生脆性断裂。根据其定义，在动态加载条件下，材料在起裂时刻的动态应力强度因子即为其动态起裂韧度，且达到峰值荷载时刻与材料起裂时刻相同，即在峰值荷载 F_{max} 处材料将会发生失稳断裂。由此，将试件端面所受的最大荷载代入式（4-1）中，即可得到试件的动态起裂韧度：

$$K_{Id} = \frac{F_{max}S}{BR^{3/2}}Y(\alpha_a) \qquad (4-5)$$

在进行数据处理时，将试件所受动荷载历程代入计算式（4-1）中，便可得到应力强度因子的时程曲线，曲线峰值点为试件的动态起裂韧度，峰值点前直线段的斜率即为动态加载率 K_I^d，如图 4-6 所示。

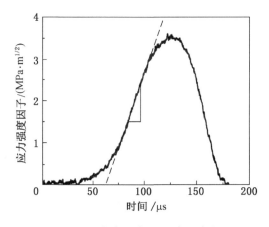

图 4-6 应力强度因子时程曲线

2）动态扩展韧度测试原理

动态扩展韧度是特定裂纹扩展速度下的动态应力强度因子。在 SHPB 动态断裂试验中，试件起裂后其两端受力不再平衡，此时的动态应力强度因子是裂纹扩展速度的函数。对于透明聚合物和抛光金属来讲，利用光学方法可以很好测量裂纹扩展速度以及与裂纹扩展相关的应变场，从而确定材料的动态扩展韧度。对于不透明的准脆性材料如岩石等，由于裂纹扩展速度极快以及高速相机分辨率的限制，准确测量其与裂纹扩展相关的应变场仍然是一个很大的挑战。在材料断裂过程中，始终伴随着能量的消耗。因此，有学者提出了间接测量动态扩展韧度的方法，即从能量的角度进行分析。Zhang 等在认识到 Xia 等利用 Irwin 公式直接计算岩石动态扩展韧度的局限性后，基于 Ravi-Chandar 的理论，利用能量守恒定律计算了砂岩、辉长岩等岩石的动态扩展韧度。本次试验就是基于 Zhang 等人的研究方法，对页岩的动态扩展韧度进行计算分析。

用 SHPB 系统对试件进行冲击加载过程中，试件吸收的能量 W_s 可通过下式计算得到[74]：

$$W_s = W_i - W_r - W_t \tag{4-6}$$

式中　　W_i、W_r、W_t ——入射波、反射波及透射波所携带的能量，即入射能、反射能和透射能，3 种能量可通过下式计算得到[75]：

$$W_i = E c_0 A \int_0^t \varepsilon_i^2 \mathrm{d}\tau \tag{4-7}$$

$$W_r = E c_0 A \int_0^t \varepsilon_r^2 \mathrm{d}\tau \tag{4-8}$$

$$W_t = E c_0 A \int_0^t \varepsilon_t^2 \mathrm{d}\tau \tag{4-9}$$

在试件断裂过程中，裂纹扩展完毕直至试件形成碎片飞出。试件吸收的能量 W_s 主要被分成了四部分：一是用于产生新断裂面及微裂纹的消散能 Ω；二是碎片动能 T；三是试件发生变形所吸收的能量，由于岩石为脆性材料，其变形较小所以该部分能量常被忽略不计；四是以热能等能量的形式散失，在加载率并不是很高的情况下，这部分能量很小，也做忽略不计处理。那么，消散能的计算公式如下：

$$\Omega = W_s - T \tag{4-10}$$

Zhang 等学者发现，NSCB 试件断裂后形成两个几乎等大的碎片，在飞出过程中碎片有平移和转动两种运动。所以，碎片动能包含这两种运动形式的能量。对于碎片动能来讲，关键是计算速度，其中包括碎片的平移速度 v_T 以及转动角速度 ω，然后再根据动能公式计算其动能。在动能的计算中进行了近似处理，即两块碎片总动能是一块碎片动能的 2 倍，所以只需计算一块碎片动能即可。

结合图 4-7 分析，碎片的平移速度为 1/4 圆盘质心 O 的平移距离 $r_{OO'}$ 与相应时间的比值；其转动角速度为碎片偏移角度 θ 与相应时间的比值。根据动能定理，碎片的平移动能 T_{Tra} 及转动动能 T_{Rot} 的计算存在如下：

$$T_{\text{Tra}} = \frac{1}{2} m v_T^2 \tag{4-11}$$

$$T_{\text{Rot}} = \frac{1}{2} I \omega^2 \tag{4-12}$$

式中　　m ——1/4 圆盘的质量；

　　　　I ——转动惯量，$I = \dfrac{R^2}{36\pi^2}(9\pi^2 + 18\pi - 128)m$（$R$ 为试件半径）。

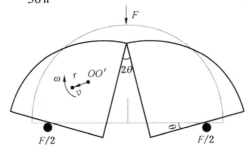

图 4-7　试件断裂示意图

那么两块碎片的总动能为：

$$T = 2(T_{\text{Tra}} + T_{\text{Rot}}) = m v_{\text{T}}^2 + I\omega^2 \qquad (4-13)$$

碎片动能通过上述方法计算得到后，那么就可以根据式（4-10）求解得到消散能 Ω。动态断裂能 G_{dC} 是指用于产生新断裂面及微裂纹单位面积消耗的能量，则有：

$$G_{\text{dC}} = \frac{\partial \Omega}{\partial A_{\text{S}}} \qquad (4-14)$$

式中　　A_{S} ——NSCB 试件半圆面积，即断面面积。

根据 Ravi-Chandar 的理论，当裂纹快速扩展时，此时的动态应力强度因子与动态能量释放率有关，存在如下关系式：

$$G_{\text{d}}(t, v) = A_{\text{I}}(v) \frac{1-\mu^2}{E_0} \left[K_{\text{I}}^{\text{d}}(t, v) \right]^2 \qquad (4-15)$$

式中　　　　v ——裂纹扩展速度；

$\quad G_{\text{d}}(t, v)$ ——动态能量释放率；

$\quad E_0$、μ ——试件材料的弹性模量和泊松比；

$\quad A_{\text{I}}(v)$ ——动态断裂中的通用函数，有：$A_{\text{I}}(v) = \dfrac{v^2 \alpha_{\text{d}}}{(1-\mu) C_{\text{S}}^2 R(v)}$，其中，$\alpha_{\text{d}} = \sqrt{1 - \dfrac{v^2}{C_{\text{L}}^2}}$，$R(v) = 4\alpha_{\text{d}}\alpha_{\text{c}} - (1 + \alpha_{\text{c}}^2)^2$，$\alpha_{\text{c}} = \sqrt{1 - \dfrac{v^2}{C_{\text{S}}^2}}$（$C_{\text{L}}$、$C_{\text{S}}$ 为材料的纵横波速）。

试件在断裂过程中，在特定裂纹扩展速度下的动态扩展韧度由临界动态断裂能 G_{dC} 通过下式求得：

$$K_{\text{ID}} = \sqrt{\frac{1}{A_{\text{I}}(v)} \frac{G_{\text{dC}} E_0}{1-\mu^2}} \qquad (4-16)$$

通过式（4-16）可以发现，动态扩展韧度与裂纹扩展速度紧密相关。因此，在计算材料的动态扩展韧度之前，需要先确定材料在动态断裂过程中的裂纹扩展速度。Dai 等学者发现，岩石类材料在动态荷载作用下的最大裂纹扩展速度为 $0.2C_{\text{R}} \sim 0.57C_{\text{R}}$，其中 C_{R} 为材料的瑞雷波速，表示为 $C_{\text{R}} = (0.862 + 1.14\mu)/(1 + \mu) C_{\text{S}}$，$\mu$ 和 C_{S} 分别为材料的泊松比及横波波速，通过应变片和数值模拟耦合得到的裂纹扩展速度除外。尽管岩石类材料裂纹扩展速度的研究较少，但对于具有简单结构的试样，利用光学测量技术及其他综合方法，可以测得比较可靠的裂纹扩展速度。

在页岩动态断裂试验中，裂纹扩展速度是通过高速相机来确定的，但由于相机分辨率的限制，只能求得裂纹扩展的平均速度，进而采用式（4-16）来求解页岩的动态扩展韧度。

4.2　页岩动态断裂韧度测试试验研究

根据试件类型设计的 3 种加载方式确定了试验方案，对页岩进行了动态断裂试验，计算了 3 种页岩 NSCB 试件的动态起裂韧度及动态扩展韧度，并对计算结果进行了对比分析，研究了页岩动态断裂韧度的层理效应及加载率效应。

4.2.1 试验方案

1) 三点弯支座的制作

试验所用 SHPB 系统，其透射杆端为常规平面，不能直接进行三点弯冲击加载。为此，设计加工了一个三点弯支座，将其安装在透射杆端，以满足 NSCB 弯曲试样的加载条件。支座材料与杆件材料相同均为 45 钢，其直径同杆件相同，为 75 mm，厚度为 50 mm，支座支撑点间距 S＝55 mm，如图 4-8 所示。凹槽的设计是为了防止试件断裂后形成的碎片被二次破坏。

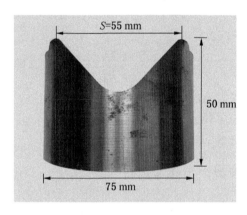

图 4-8　三点弯支座

结合试验，根据 ISRM 建议的测试标准匹配试件参数，其无量纲支撑点间距为 $\alpha_s = S/D = 0.55$，无量纲预制裂纹长度为 $\alpha_a = a/R = 0.2$。

2) 加载方式及冲击气压梯度的设置

根据试件类型确定了以下的加载方式，如图 4-9 所示。结合加载方向与层理结构面的相对位置关系，将 C-D 和 C-S 加载方式视为平行层理加载，将 C-A 加载方式视为垂直层理加载。为了探究页岩动态断裂韧度的加载率效应，每一种加载方式都设置了 4 个不同的冲击气压，测试页岩在不同气压梯度下的动态断裂韧度及断裂行为，每个气压梯度至少做 3 个有效试件，以避免试验结果的离散性。

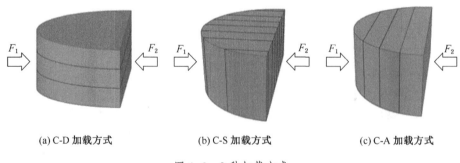

(a) C-D 加载方式　　　　　　(b) C-S 加载方式　　　　　　(c) C-A 加载方式

图 4-9　3 种加载方式

子弹的冲击速度取决于 SHPB 动力系统的气压高低，气压越高，速度越大，对入射杆的冲击，直接反映到对试件的冲击加载力度上。当子弹冲击速度大于 5 m/s 时，试验数据将不再有效。这是因为子弹速度过大会导致 NSCB 试件与入射杆的接触端先破坏，而不是沿预制裂纹起裂，这就违背了利用 NSCB 试件进行动态断裂试验的初衷。因此，控制气压及子弹的冲击速度对试验结果的有效性十分重要。

在试验的前期准备和测试过程中，发现当冲击气压设置到 0.62 MPa 时，试件与入射杆的接触端才发生破坏，此时子弹的冲击速度大概为 6 m/s，这可能是因为试验所用页岩致密性比较好，强度较大。因此，在对冲击气压梯度进行设置时，最大气压值要低于 0.62 MPa。最小气压值也不能太低，否则子弹不能冲出枪膛造成触发失败，影响试验的正常进行；或者子弹没有冲击力度，不能提供有效加载率。经过多次尝试，设置了 4 个冲击气压，分别为 0.54 MPa、0.56 MPa、0.58 MPa、0.60 MPa，保证了试验的稳定触发和顺利进行。

3）高速相机设置

在试验过程中采用了高速相机，用来监测裂纹的起裂和扩展以及断裂碎片的运动轨迹，所拍摄的断裂全过程用于分析页岩的破裂模式。将高速相机摆放在试件的正前方，且镜头前要设立透明有机玻璃板作为挡板，设置好相机分辨率，既要保证相机不被飞溅的碎石所破坏，也要保证相机能够拍摄到试件整个断裂过程的清晰图像。经过多次调试，最终确定了图像的分辨率为 256 × 440 ppi，帧率为 50000 fps，即每张图片间隔时间为 20 μs，空间分辨率为 2.2 × 10⁻⁴ mm/pixel。如图 4-10 所示，即为高速相机现场布置图。

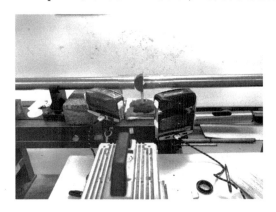

图 4-10 高速相机现场布置图

4.2.2 试验过程

在试验正式开始之前，先对 SHPB 试验系统进行调试。在没有安装支座的情况下，先进行空杆撞击，观察波形变化是否正常。理论上在没有加载试件的情况下，如果入射杆和透射杆紧密贴合，两杆之间没有缝隙，入射波应近乎全部透射，且没有反射波。空杆撞击波形显示正常之后，将制作好的支座安装到透射杆的一端，两者的接触面可适当涂抹一些凡士林减小摩擦，保证紧密贴合，一切正常之后，再进行三点弯加载断裂试验。在试验过程中，应注意以下几点：

（1）注意保持各个杆件表面的清洁，在杆件与杆件支座之间适当涂抹机油，减小摩擦阻力，提高顺滑度。

（2）在试件与两杆的接触面上，适当涂抹凡士林，减小试件与杆交界面的摩擦效应。

（3）试验采用锥形子弹，可产生上升沿较长的半正弦入射波，使试件在破坏之前建立起应力平衡，且配合使用波形整形器，在每次冲击加载后，要注意更换。

（4）确保动态应变仪一直处于电桥平衡状态，提高采集数据的准确性。

（5）高速相机镜头前要设立有机玻璃板作为挡板，避免飞溅碎石对相机造成破坏，并且保持玻璃板清洁，保证相机能拍下清晰图像。

（6）将试件夹紧后，在每次冲击加载之前，先观察所拍图像的清晰度，然后决定高速相机是否需要重新调焦，保证图像清晰。

SHPB 冲击试验图如图 4-11 所示。

图 4-11　SHPB 冲击试验图

4.2.3　试验结果与分析

1）页岩的动态起裂韧度

对符合动态力平衡的试件进行计算，将其端面所受荷载历程代入 ISRM 推荐的动态应力强度因子式（4-1）中，得到该试件的应力强度因子时程曲线，曲线峰值点即为该试件的动态起裂韧度。根据该计算原理得到了 3 种加载方式下页岩的动态起裂韧度，加载率为曲线峰值点前直线段的斜率，取决于 SHPB 实验系统子弹的冲击速度，计算结果见表 4-2～表 4-4。

表 4-2　C-D 型页岩动态起裂韧度

冲击气压/ MPa	试件编号	加载率$K_{\mathrm{I}}^{\mathrm{d}}$/ ($10^4$ MPa·$\sqrt{\mathrm{m}}$/s)	动态起裂韧度 K_{Id}/ (MPa$\sqrt{\mathrm{m}}$)	平均动态起裂韧度/ (MPa$\sqrt{\mathrm{m}}$)
0.54	P_1-1	21.65	11.53	12.17
	P_1-2	22.36	12.38	
	P_1-3	23.72	12.61	
0.56	P_1-4	25.33	13.65	13.66
	P_1-5	25.26	13.60	
	P_1-6	25.64	13.72	
0.58	P_1-7	28.15	14.38	14.90
	P_1-8	28.72	14.87	
	P_1-9	29.39	15.44	

表4-2(续)

冲击气压/MPa	试件编号	加载率 K_I^d/(10^4 MPa·$\sqrt{m}$/s)	动态起裂韧度 K_{Id}/(MPa$\sqrt{m}$)	平均动态起裂韧度/(MPa$\sqrt{m}$)
0.60	P_1-10	33.75	16.67	16.28
	P_1-11	32.51	16.14	
	P_1-12	32.48	16.03	

表4-3 C-S型页岩动态起裂韧度

冲击气压/MPa	试件编号	加载率 K_I^d/(10^4 MPa·$\sqrt{m}$/s)	动态起裂韧度 K_{Id}/(MPa$\sqrt{m}$)	平均动态起裂韧度/(MPa$\sqrt{m}$)
0.54	P_2-1	20.50	10.13	9.87
	P_2-2	20.11	9.87	
	P_2-3	19.51	9.60	
0.56	P_2-4	23.41	11.23	11.31
	P_2-5	23.06	11.14	
	P_2-6	24.56	11.56	
0.58	P_2-7	27.20	12.00	11.99
	P_2-8	27.40	12.08	
	P_2-9	26.71	11.89	
0.60	P_2-10	30.60	12.57	12.80
	P_2-11	30.12	12.24	
	P_2-12	31.07	13.58	

表4-4 C-A型页岩动态起裂韧度

冲击气压/MPa	试件编号	加载率 K_I^d/(10^4MPa·$\sqrt{m}$/s)	动态起裂韧度 K_{Id}/(MPa$\sqrt{m}$)	平均动态起裂韧度/(MPa$\sqrt{m}$)
0.54	C-1	21.64	12.67	13.32
	C-2	22.41	13.43	
	C-3	23.24	13.87	
0.56	C-4	25.82	15.61	15.75
	C-5	26.63	16.40	
	C-6	25.57	15.24	
0.58	C-7	33.37	19.71	18.97
	C-8	32.62	18.78	
	C-9	32.17	18.42	
0.60	C-10	38.06	23.77	22.51
	C-11	36.55	21.59	
	C-12	37.23	22.18	

从表 4-2~表 4-4 的数据结果可以发现，同等加载条件下 3 种页岩 NSCB 试件平均动态起裂韧度值从小到大的顺序为 C-S 型、C-D 型、C-A 型。

对于 C-A 型加载方式，加载方向与层理结构面垂直时，起裂主要取决于页岩岩体的强度，层理的影响几乎可以忽略，起裂较为困难，因此动态起裂韧度最大。当加载方向与层理结构面平行时，层理弱面之间的胶结强度对页岩动态起裂韧度影响明显，比较 C-D 型和 C-S 型两种加载方式，对于 C-D 型平行加载方式，层理可能起到了部分强度弱化作用，页岩在该层理方向上的综合强度有所降低，相对于 C-A 垂直层理加载，开裂更加容易；对于 C-S 型平行加载方式，试件几乎完全沿层理开裂，页岩强度主要取决于层理弱面之间的胶结强度，因此其动态起裂韧度最低。由试验结果可知，在明确页岩层理的分布规律后，采用平行层理 C-S 型加载方式，仅需较小的能量即可取得较好的致裂效果。

由表 4-2~表 4-4 可以看出，3 种加载方式下页岩动态起裂韧度对加载率都表现得十分敏感，基本上都随着加载率的提高而增大。图 4-12 所示为 3 种页岩试件动态起裂韧度与加载率的数据拟合关系曲线。

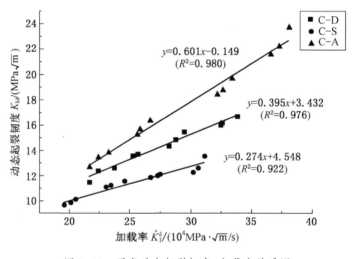

图 4-12　页岩动态起裂韧度-加载率关系图

对比 3 条拟合曲线可以发现，C-S 型试件的斜率最低，C-D 型试件次之，C-A 型试件最高，不同斜率反映了不同加载方式下试件强度的加载率相关性。在 C-S 型加载方式下，页岩强度主要取决于层理之间的胶结强度，由此可见层理胶结作用的加载率相关性并不明显；在 C-A 型加载方式下，随着加载率的提高，页岩动态起裂韧度显著增加，可见页岩材料自身强度起到了决定性作用。

从裂纹起裂的角度上来讲，静载作用下的主裂纹起裂之前会在预制裂纹附近萌生出许多微裂纹，这些微裂纹会随着荷载的增大而继续向前扩展并汇聚成主裂纹，最后沿着材料最薄弱的方向进行起裂扩展。而在短时间内加载率较高的冲击荷载下，预制裂纹尖端来不及萌生足够的微裂纹，从而不能形成主裂纹扩展，迫使材料作为整体来抵抗裂纹的起裂扩展。导致在荷载大小相近的情况下，材料的动态起裂韧度要大于静态起裂韧度，且动态起裂韧度对加载率也表现出了一定的依赖性。

2）页岩的动态扩展韧度

关于 NSCB 试件动态扩展韧度的计算方法，在 4.1.2 节已经做了详细的介绍。由式（4-14）、式（4-16）可知，用于产生新断裂面的消散能 Ω 是计算试件动态扩展韧度的关键，但首先需要计算出试件吸收的能量 W_s 及碎片动能 T。其中，碎片动能的实际计算比较复杂，主要涉及碎片平移速度 v_T 和转动角速度 ω 的确定。试验所用的高速相机可以拍下试件裂纹从起裂到扩展完成的全过程，结合相机照片及时间历程即可确定碎片的两种速度，进而求解出碎片动能。

（1）平移速度的确定。

在试验之前，考虑到动态扩展韧度的计算会涉及碎片动能的计算，同时也考虑到如果在试件断裂之后，根据高速相机所拍照片来确定碎片平移的距离，势必会将问题复杂化。所以，提前对试件进行了预处理，根据质心确定法则，用铅笔标出了试件 1/4 圆盘质心；然后可通过相机照片来确定碎片质心的相对平移距离，再结合相机帧率，便可计算出碎片的平移速度。

NSCB 试件加载断裂后，将预制裂纹起裂之前的照片与裂纹扩展完成的照片进行重合，调整其中一张照片的透明度为 50%，使两张照片所标的质点都能显现出来，然后确定原始质点与平移后质点的距离 $r_{oo'}$。试件照片与其实际尺寸的比例尺为 1∶1，所以照片上质心平移距离即为实际碎片的平移距离，然后结合试件断裂完成所用时间确定碎片平移速度。具体操作如图 4-13 所示。

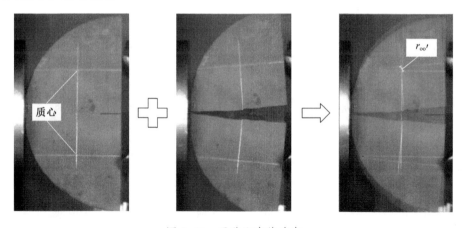

图 4-13　平移距离的确定

（2）转动角速度的确定。

确定碎片转动角速度之前首先要确定其偏转角度。找出试件裂纹扩展完成的照片，对其进行如图 4-14 所示的描线处理，确定偏转角 θ，并将偏转角度换算成弧度，然后结合试件断裂完成所用时间确定碎片转动角速度。

在碎片动能计算过程中进行了近似处理。由于页岩层理结构面的存在，裂纹在扩展过程中并不都是完全沿预制裂纹平直起裂扩展的，可能会发生较小幅度的偏转和分叉，如果试件断裂完成后的两块碎片近似等大，那么就通过一块碎片的动能，根据式（4-13）计算两块碎片的总动能。此外，裂纹扩展速度由高速相机照片及其帧率所确定的时间计算得出。

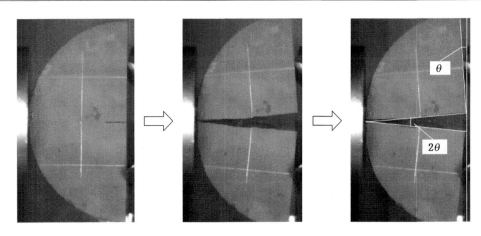

图 4-14 偏转角度的确定

确定了碎片动能及裂纹扩展速度后，然后通过动态扩展韧度的相关计算公式进行数据处理。为了方便对比分析，将试件裂纹扩展速度、试件吸收能量、碎片动能、消散能、动态断裂能及页岩的动态扩展韧度统计在一个表中，计算结果见表4-5~表4-7。

表 4-5 C-D 型页岩动态扩展韧度

冲击气压/MPa	试件编号	裂纹速度 $v/(\mathrm{m \cdot s^{-1}})$	吸收能量 W_s/J	碎片动能 T/J	消散能 Ω/J	动态断裂能 G_{dC}/J	动态扩展韧度 $K_{ID}/(\mathrm{MPa}\sqrt{\mathrm{m}})$
0.54	P_1-1	430	35.78	11.81	23.97	6107.63	15.20
	P_1-2	447	39.82	12.01	27.81	7084.34	16.37
	P_1-3	452	40.01	12.17	27.84	7093.67	16.39
0.56	P_1-4	483	48.00	12.67	35.32	8999.52	18.46
	P_1-5	472	47.32	12.36	34.96	8906.59	18.36
	P_1-6	502	51.73	12.86	38.87	9903.87	19.36
0.58	P_1-7	515	56.89	13.19	43.70	11132.92	20.53
	P_1-8	522	58.01	13.26	44.75	11401.27	20.77
	P_1-9	536	59.26	13.56	45.70	11643.70	21.00
0.60	P_1-10	584	71.40	14.98	56.42	14374.98	23.32
	P_1-11	563	68.36	14.51	53.85	13719.79	22.79
	P_1-12	555	66.33	14.24	52.09	13271.69	22.41

表 4-6 C-S 型页岩动态扩展韧度

冲击气压/MPa	试件编号	裂纹速度 $v/(\mathrm{m \cdot s^{-1}})$	吸收能量 W_s/J	碎片动能 T/J	消散能 Ω/J	动态断裂能 G_{dC}/J	动态扩展韧度 $K_{ID}/(\mathrm{MPa}\sqrt{\mathrm{m}})$
0.54	P_2-1	520	35.99	13.71	22.28	5675.80	15.49
	P_2-2	510	35.01	13.39	21.62	5507.74	15.26
	P_2-3	500	34.46	13.32	21.13	5384.38	15.09

表4-6(续)

冲击气压/MPa	试件编号	裂纹速度 $v/(\mathrm{m \cdot s^{-1}})$	吸收能量 W_s/J	碎片动能 T/J	消散能 Ω/J	动态断裂能 G_{dC}/J	动态扩展韧度 $K_{ID}/(\mathrm{MPa\sqrt{m}})$
0.56	P_2-4	548	43.08	15.20	27.88	7103.05	17.33
	P_2-5	540	42.81	15.23	27.58	7025.65	17.23
	P_2-6	554	44.22	15.40	28.82	7341.63	17.62
0.58	P_2-7	605	50.01	17.28	32.73	8337.77	18.78
	P_2-8	626	52.05	17.41	34.64	8825.70	19.32
	P_2-9	600	48.30	16.90	31.39	7998.36	18.39
0.60	P_2-10	660	61.80	19.29	42.52	10832.00	21.40
	P_2-11	645	59.19	18.79	40.40	10293.13	20.86
	P_2-12	665	64.07	20.19	43.88	11180.78	21.74

表4-7　C-A型页岩动态扩展韧度

冲击气压/MPa	试件编号	裂纹速度 $v/(\mathrm{m \cdot s^{-1}})$	吸收能量 W_s/J	碎片动能 T/J	消散能 Ω/J	动态断裂能 G_{dC}/J	动态扩展韧度 $K_{ID}/(\mathrm{MPa\sqrt{m}})$
0.54	C-1	412	36.37	11.68	24.69	6290.56	16.31
	C-2	425	38.08	11.89	26.20	6673.93	16.80
	C-3	448	42.59	12.35	30.24	7704.14	18.05
0.56	C-4	460	47.56	12.36	35.19	8966.15	19.47
	C-5	465	49.29	12.60	36.69	9348.51	19.88
	C-6	455	46.89	12.27	34.61	8818.19	19.31
0.58	C-7	512	69.89	13.29	56.60	14419.74	24.69
	C-8	505	68.24	13.17	55.07	14031.14	24.36
	C-9	494	66.04	13.89	52.15	13285.43	23.70
0.60	C-10	550	83.99	14.83	69.16	17620.56	27.29
	C-11	543	79.78	14.21	65.57	16706.54	26.58
	C-12	546	81.98	14.51	67.48	17191.49	26.96

　　从表4-5~表4-7中的数据结果可以发现，同等加载条件下3种页岩NSCB试件动态扩展韧度值从小到大的顺序为C-S型、C-D型、C-A型。根据动态扩展韧度的定义，该关系表明了这3种页岩试件裂纹扩展的难易程度。

　　在C-S型加载方式下，页岩裂纹几乎完全沿层理弱面扩展，且扩展比较容易；在C-A型加载方式下，裂纹扩展比较困难，页岩岩体阻碍了裂纹扩展，由于裂纹扩展破坏会优先选择弱面进行，所以在该种加载方式下裂纹扩展会在层理弱面处发生了分叉、转向，影响裂纹的扩展路径；C-D型加载方式下页岩的动态扩展韧度处于中间值，类似于其动态起裂韧度，在裂纹扩展过程中层理可能起到了部分强度弱化作用。

　　与此同时，3种页岩试件断裂后呈现出了明显不同的断口，如图4-15所示。C-D型试件断口相对较平滑，裂纹扩展路径几乎完全沿预制裂纹平直扩展；C-A 型试件断口明显较为粗糙，大部分试件在层理弱面的影响下其裂纹扩展路径发生了较小幅度的偏转，断裂不顺畅；C-S 型试件呈现出与其他两组试件明显不同的断口，由于该类型试件的断裂几乎完全沿层理弱面开展，其断口具有明显的层理弱面特征，有大量竹叶状或带状的条纹物质分布。

(a) C-D 型试件断口　　　　　(b) C-S 型试件断口　　　　　(c) C-A 型试件断口

图 4-15　3 种试件断口形态

　　通过数据对比可以发现，在数值上页岩动态扩展韧度要大于其动态起裂韧度，与黄岗岩、砂岩及大理岩等常规岩石类似。首先，这在一定程度上表明，致裂页岩较为容易，而形成有效裂纹网实现储层改造则相对较为困难，需要更多的能量；其次，随着冲击气压的增大，页岩动态扩展韧度也随之增大，表明其对加载率也表现出了依赖性。材料的动态扩展韧度是特定裂纹扩展速度下的临界动态应力强度因子，经分析发现 3 种加载方式下的页岩动态扩展韧度基本上都随着裂纹扩展速度的增大而增大。

　　基于 Zhang 等及 Dai 等学者对动态扩展韧度的分析方法，根据两种取芯页岩的横波波速及泊松比，通过公式 $C_R = (0.862 + 1.14\mu)/(1 + \mu)C_S$ 计算得到了其瑞雷波速，其中垂直层理 90° 取芯的页岩瑞雷波速为 2084 m/s，平行层理 0° 取芯的页岩瑞雷波速为 2310 m/s；再结合 3 种加载方式下页岩的裂纹扩展速度，计算了无量纲的裂纹扩展速度 v/C_R。4-16 所示为 3 种页岩试件动态扩展韧度-无量纲裂纹扩展速度关系图。

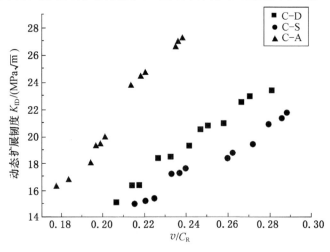

图 4-16　3 种页岩动态扩展韧度-无量纲裂纹扩展速度关系图

经计算，3种加载方式下的裂纹扩展速度范围分别为：C-D型试件为（0.21-0.28）C_R，C-S型试件为（0.22-0.29）C_R，C-A型试件为（0.18-0.24）C_R。在该范围内，3种加载方式下页岩动态扩展韧度都随着裂纹速度的增大而增大。在同等加载条件下，C-S型加载方式试件的裂纹扩展速度最快，因为层理弱面的胶结强度较弱，裂纹起裂后迅速扩展；由于岩体强度较大且有层理弱面存在，导致裂纹扩展路径较为曲折耗时较多，使得在C-A型加载方式下试件的裂纹扩展速度最小。

页岩在断裂过程中，裂纹的起裂扩展都要伴随着能量的消耗，其中能量消耗的多寡取决于微观裂纹扩展形式。在准静态低加载率下，沿晶断裂较为常见；在动态冲击荷载下，穿晶断裂或穿晶与沿晶耦合断裂较为常见，且穿晶断裂所消耗的能量要比沿晶断裂多得多，所以需要消耗更多的能量来实现裂纹的高速扩展。在高加载率下，试件穿晶断裂断口更为平整，且动态断裂韧度会随着加载率的提高而增大。

4.3　页岩断裂破坏形态及断裂机理研究

本节主要研究了3种加载方式下页岩NSCB试件的断裂破坏形态，分别从宏观破裂模式和微观断口形貌两方面对页岩断裂行为进行了分析，并从矿物成分及结构形式的角度分析了层理笔石对页岩断裂破坏的影响。

4.3.1　宏观破裂模式研究

1. 断裂全过程

由于层理弱面的存在，3种页岩NSCB试件的断裂形式出现了较大差异，如图4-17所示。

由图4-17可以看出，在C-D型加载方式下，层理弱面对裂纹起裂扩展影响较小，裂纹扩展路径沿预制裂纹扩展，裂纹平直，无次生裂纹出现。在C-S型加载方式下，除了预制裂纹起裂扩展外，且沿层理弱面出现了一条新裂纹，两条裂纹扩展路径大致平行。在垂

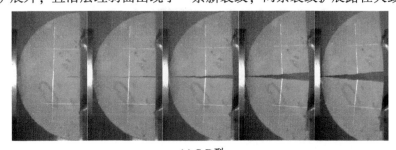

(a) C-D型

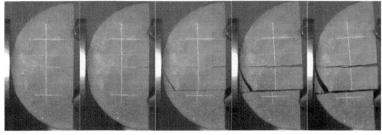

(b) C-S型

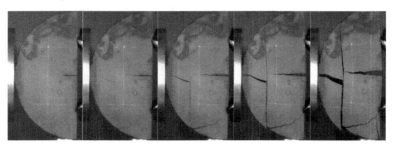

(c) C-A型

图 4-17 页岩断裂全过程

直层理 C-A 型加载方式下，可以看到预制裂纹首先沿加载方向起裂，随即垂直加载方向的层理弱面开裂且扩展较快，在加载点形成分枝裂纹。

2. 破裂模式分析

如图 4-18 所示，为 3 种加载方式下页岩 NSCB 试件的典型破裂模式。

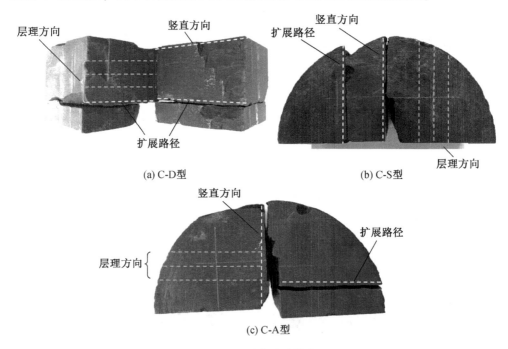

(a) C-D型　　　　　　　　　　(b) C-S型

(c) C-A型

图 4-18 页岩破裂模式

由图 4-18 可以看出，层理弱面对页岩断裂影响很大。在 C-D 型加载方式下，大多试件裂纹扩展路径平直、断口平整，试件一分为二；但也存在一部分试件出现了如图 4-18a 所示的破裂模式，试件沿层理弱面开裂分为上下两部分，且预制裂纹并没有沿层理方向设置，该现象充分表明页岩层理弱面抵抗冲击荷载的能力最小，且为最容易起裂的结构。如图 4-18b 所示，在 C-S 型加载方式下，出现了两条平直裂纹扩展路径，新裂纹的起裂位置不在支座支点处，所以并不是应力集中现象导致的破坏，而是由于层理弱面的胶结强度过低，导致了两部分岩体产生"滑移"即出现了 II 型断裂模式。如图 4-18c 所示，在 C-

A 型加载方式下，因为层理弱面的存在，裂纹起裂出现分支，且断口粗糙，不利于裂纹的平直扩展；由于岩体强度较大，直接阻碍裂纹的扩展，也导致部分试件在冲击加载下的断裂碎片较多，破坏较为严重。

结合上述页岩破裂模式及其动态断裂韧度进行分析，采用 C-D 型加载方式，页岩动态断裂韧度较小，裂纹尖端起裂扩展较为容易，但形成的裂纹相对单一，并没有形成有效裂纹网，不利于形成页岩气扩散通道。采用 C-S 型和 C-A 型加载方式均可形成有效的裂纹网，相对于 C-A 型加载方式，C-S 型加载下页岩的动态断裂韧度最小，裂纹尖端起裂扩展最为容易，耗能较少。

4.3.2 微观断口形貌研究

断口形貌学是研究材料破坏断口的一门学科，其研究思路是通过微观尺度上的失效机制来解释宏观行为，起初是在金属材料领域研究颇多，近年来也逐步被用来研究岩石力学的相关问题。断口形貌学从微观层面来观察岩石的破坏断口，分析其微观结构及裂纹起裂扩展机制，为岩石的宏观断裂破坏提供合理的解释。本节将采用断口形貌分析方法对页岩的断裂破坏行为进行分析。

利用扫描电子显微镜（SEM）分别对三种加载方式下页岩试件的断口表面进行观察，比较三种试件断口的异同，并对页岩层理结构面典型竹叶状或带状的条纹物质进行观察，分析层理弱面对页岩断裂破坏的影响。

1. SEM 系统简介

试验所用仪器为 S-3400N 扫描电子显微镜（SEM），如图 4-19 所示。该系统主要由电子枪、样品仓、轨迹球、物镜可动光阑、显示器和旋钮板组成。

图 4-19　S-3400N 扫描电子显微镜

扫描电子显微镜的制造原理依据电子与物质的相互作用。当一束高能的入射电子轰击物质表面时，被激发的区域将产生二次电子、俄歇电子、背散射电子等，以及在可见、紫外、红外光区域产生的电磁辐射。利用电子和物质的相互作用，可以获取被测样品本身的各种物理、化学性质的信息，如形貌、化学组成等。

SEM 的一个重要特点是具有很高的分辨率，现已广泛用于观察纳米材料；另一个重要特点就是景深大，图像富有立体感，具有三维形态，高景深的角度能呈现材料断裂的本质，能够提供比其他显微镜更多的信息，在材料断口形貌的分析中被广泛应用。

2. SEM 扫描试验

SEM 扫描试验的标本来源于 3 种加载方式下的页岩碎片断口及层理结构面，共 4 种页岩标本，如图 4-20 所示。试验对 3 种试件断口的起裂断面和扩展路径断面的局部以及层理结构面上竹叶状或带状的条纹物质分别进行扫描观察。

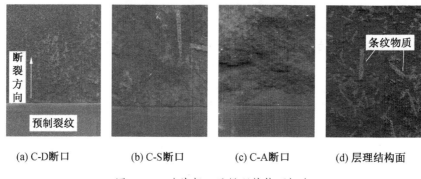

(a) C-D断口　　　　(b) C-S断口　　　　(c) C-A断口　　　　(d) 层理结构面

图 4-20　碎片断口及层理结构面标本

选取标本后，利用酒精清洗表面静候干燥，然后将其放入托盘固定，保证碎片断口的观察面水平（如图 4-21 所示，用钥匙垫平）。利用 E-1020 镀金仪对碎片进行镀金处理，提高其导电及导热性能，以便获得清晰度更高的图像，然后放到 SEM 样品仓进行扫描观察。

(a) 碎片镀金过程中　　　　　　　　　(b) 碎片镀金完成后

图 4-21　碎片镀金处理

设置 SEM 的工作电压为 20.0 kV，调整工作距离至合适高度，将标本的典型区域分别放大至 30 倍或 100 倍、500 倍、3000 倍进行扫描观察。

3. SEM 扫描结果分析

如图 4-22 所示，分别是 3 种加载方式下页岩试件起裂断面 SEM 扫描图，放大倍数为 30 倍。

由图 4-22 可以看出，C-A 型试件起裂断面在微观层面下仍然较为粗糙，有次生裂纹分布，裂纹起裂路径不平滑，起裂阻力较大，消耗的能量较多；C-D 型试件起裂断面比前者比较平整，无次生裂纹出现，裂纹起裂也较为顺畅；C-S 型试件起裂断面最为平整，试件基本上沿层理弱面断裂，且在断面处有许多光滑平面以及竹叶状或带状的条纹物质，与层理结构面的微观结构颇为相似。

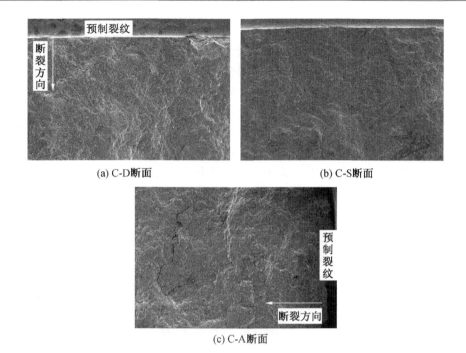

(a) C-D断面

(b) C-S断面

(c) C-A断面

图4-22 起裂断面扫描图

如图4-23所示，为层理结构面的SEM扫描图。从宏观整体上来看，层理面相对较为平整，无次生裂纹出现，且表面多分布有呈灰白色的竹叶状或带状的条纹物质，如图4-20d所示，该物质的大量分布是层理面区别于页岩均质岩体的显著特征。在C-S型试件断口表面也广泛分布类似的条纹物质，该现象充分表明此类型断口是页岩沿层理弱面断裂破坏的结果。

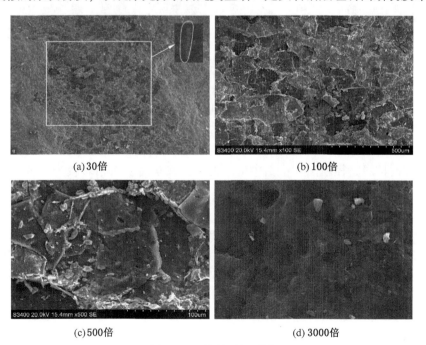

(a) 30倍

(b) 100倍

(c) 500倍

(d) 3000倍

图4-23 层理面扫面图

如图 4-23a 所示，白色线框中的暗黑色物质即为层理面中灰白色条纹物质，这是由于 SEM 的成像原理导致了其颜色出现了反差。由于该物质在层理面大量分布，所以重点对其进行了放大观察。可以看出，在高倍镜像下该物质多以片块状存在，且每一片都很致密，表面极为光滑，可以推测裂纹沿层理弱面扩展较为容易，耗能较少。由于该条纹物质介于岩体之间，所以页岩在断裂破坏时，很容易会沿层理弱面开展，并且很可能会伴有滑移Ⅱ型断裂模式。

如图 4-24 所示，为 C-D 型试件起裂断面及扩展路径断面的 SEM 扫描图，其中图 4-24a、图 4-24b 为试件起裂断面图，图 4-24c、图 4-24d 为试件扩展路径断面图。

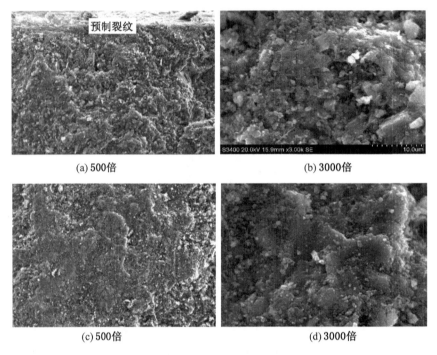

(a) 500倍　　　　　　　　　　　　　　(b) 3000倍

(c) 500倍　　　　　　　　　　　　　　(d) 3000倍

图 4-24　C-D 型断面扫描图

从宏观意义上讲，岩石作为一种典型的脆性材料，其断面具有明显的脆性破坏特征。结合图 4-22a 及图 4-24a 可以看出，C-D 型试件断面的起裂瞬间相对较为平整，而在后期裂纹扩展阶段则略显粗糙，表明裂纹扩展耗能较多，因此其动态扩展韧度要大于动态起裂韧度；在试件的扩展路径断面扫描图中可以发现，该断面表面相对较为平整光滑，推测可能发生了穿晶断裂，在 3000 倍镜像下呈现出了片层状，这可能是由于裂纹扩展时对页岩内部造成的撕裂。

如图 4-25 所示，为 C-S 型试件起裂断面及扩展路径断面的 SEM 扫描图，其中图 4-25a、图 4-25b 为试件起裂断面图，图 4-25c、图 4-25d 为试件扩展路径断面图。

由图 4-25 可以看出，C-S 型试件断面起裂及扩展路径断面扫描图都比较平整光滑，裂纹起裂扩展较为容易，动态断裂韧度较低。由于在 C-S 加载方式下页岩试件几乎完全沿层理弱面断裂，所以该类试件断面具有明显的层理面特征，片块状致密物质即为与层理面类似的条纹物质。

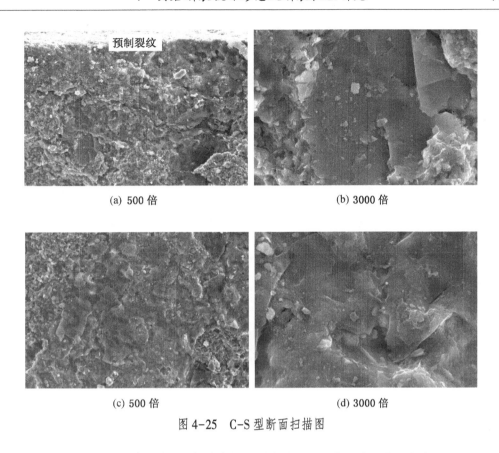

(a) 500 倍　　　　　　　　　　　　　　　(b) 3000 倍

(c) 500 倍　　　　　　　　　　　　　　　(d) 3000 倍

图 4-25　C-S 型断面扫描图

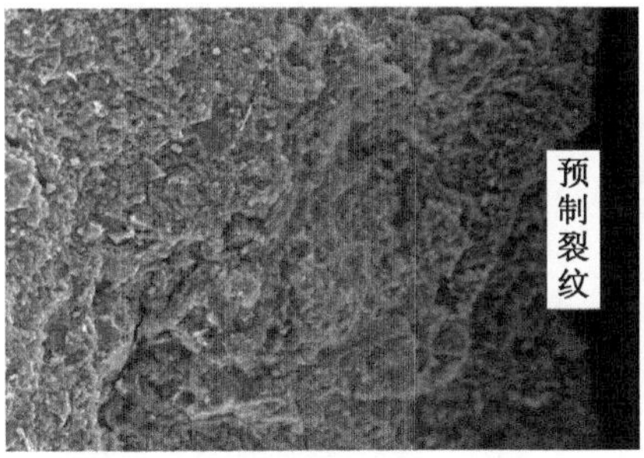

(a) 500倍 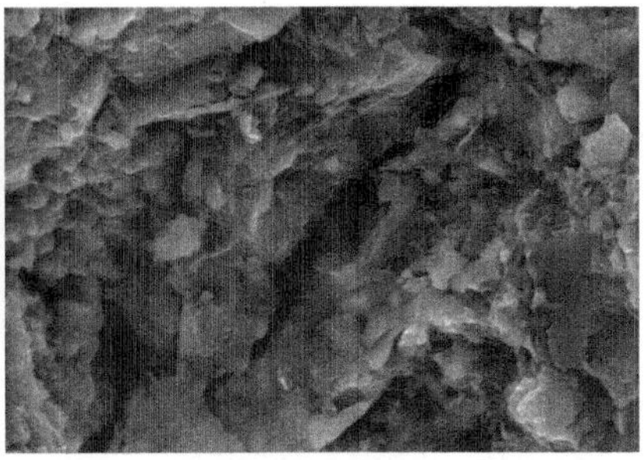　　　　　　　　　　　　　　　(b) 3000倍

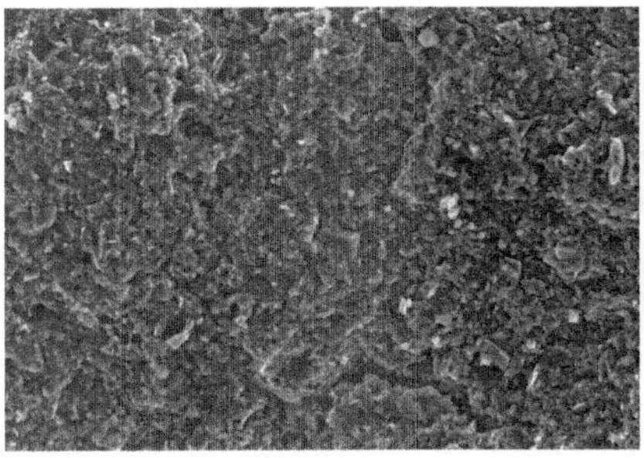

(c) 500倍 　　　　　　　　　　　　　　　(d) 3000倍

图 4-26　C-A 型断面扫描图

如图 4-26 所示，为 C-A 型试件起裂断面及扩展路径断面的 SEM 扫描图，其中图 4-26a、图 4-26b 为试件起裂断面图，图 4-26c、图 4-26d 为试件扩展路径断面图。

由图 4-26 可以看出，C-A 型试件断面起裂及扩展路径断面扫描图都明显较为粗糙。在 C-A 型加载方式下，主要为页岩岩体发生破坏，由于岩体强度较大，裂纹起裂扩展较为困难，断裂耗能较大，动态断裂韧度较高，有次生裂纹的出现。

5　冲击荷载与温度耦合下页岩的动态力学性能研究

岩石是一种自然形成的材料，不同的种类的岩石具有不同的成因、不同的矿物成分、不同的结构，温度将会在一定程度上在宏观和微观上对岩石产生影响。随着人类向地下深处的探索，深度的增加常常伴有地下温度的增加，地下的岩石性质也会有所改变，所以对于岩石力学性质在高温条件下的研究也逐渐增多。

T Funatsu 等人研究得知，在砂岩温度在 125 ℃ 内时，断裂韧度没有明显的变化，超过 125 ℃ 时断裂韧度随温度升高增大。在常温下围压为 9 MPa 时砂岩的断裂韧度比大气压条件下提升了大概 470%。7 MPa 围压情况下在 75 ℃ 之前断裂韧度随温度升高而减小，温度在 75~100 ℃ 区间时随温度升高增大。朱振南等研究得知，高温遇水冷却处理的花岗岩，平均纵波波速、横波波速随处理温度的提高而降低，纵波降低速率更快，并且遇水冷却的花岗岩表现出塑性增强，其单轴抗压强度与弹性模量随处理温度上升而降低，结合 SEM 扫描可见遇水冷却对花岗岩产生的劣化作用更大。张志镇等对高温处理花岗岩试件使用汞压法测试它的孔隙特征，随温度升高试件孔隙率呈指数性增大，分形维数呈降低的趋势，并且降低幅度也随温度升高增大。梁鹏等研究表明，高温对大理岩平行于层理方向的波速影响小于垂直于层理方向的波速，其变化规律都为随温度升高波速降低，并且各向异性指数呈现"倒 U"的变化规律。吴刚等加入考虑温度影响的扰动函数，建立了高温岩石的本构模型，并且用大理岩试验验证了模型的正确性。M. Masri 等对高达 250 ℃ 的不同温度条件与不同围压条件下的页岩进行静压和三轴压缩试验，页岩的杨氏模量和压缩破坏强度随温度升高呈现减小的趋势。Tubing Yin 等根据离散单元法试验，提出了高温岩石的动态 I 型断裂韧度测试方法，试验得知花岗岩的动态起裂韧度与加载率成线性增加，在常温至 400 ℃ 范围内，随温度升高起裂韧度降低。闵明等对高温处理的花岗岩进行巴西劈裂试验，发现 400 ℃ 前破坏后会形成两个比较完整的半圆，声发射信号存在平静时期。400 ℃ 后会形成明显穿晶裂纹，形成 Y 形的破坏，随温度升高平静期变得不明显，峰值前振铃数明显增多。刘石等使用大直径 SHPB 试验系统对花岗岩进行单轴压缩试验，发现常温至 600 ℃ 其动态抗压强度变化不大，超过 600 ℃ 后强度迅速降低。高红梅等研究得知在加温中，花岗岩内部产生了热应力，在缺陷处产生应力集中，并推理出花岗岩温度加载速率与损伤耦合的能量函数。曾严谨等使用偏光显微镜观测大理岩，发现经过 4 次加热循环处理后以晶界裂纹为主的裂纹发育明显，线性裂纹随热循环的次数增多而增多。张连英等在发现常温至 800 ℃ 大理岩抗压强度、弹性模量随温度升高逐渐降低，800 ℃ 时岩石延性明显增强。Zhao Yangsheng 等开发了一种用于测试高温、高压条件下的岩石三轴实验机，可以测试较大直径试件，通过试验得知，在花岗岩高温高压状态下存在剪切破坏，杨氏模量随温度升高而降低，线性热膨胀系数随温度升高而增大。Xiong 等对高温处理后的人工节理试件进行单轴抗压试验，相同温度处理后试件抗压强度随角度增加（0°～90°）而逐渐增大，相同角度的试件，抗压强度随处理温度的升高而降低。Liu Shi 等使用 SHPB 试验系统对大理岩进行不同温条件下的动态力学试验，800 ℃之前应力-应变曲线规律相同，超过800 ℃后压密阶段与屈服阶段延长，峰值应力、峰值应变、弹性模量等力学参数变化明显与温度相关。

本章将针对取自四川长宁威远地区的黑色露头页岩进行 SHPB 试验，研究其在高温条件下的动态压缩力学特性，研究成果将会对了解页岩性质与页岩气开发具有一定的意义。

5.1　页岩热损伤

将相同尺寸的页岩试件放在箱式电阻炉中加热，加热速率为 15 ℃/min 加热至 60 ℃、100 ℃、140 ℃、180 ℃、220 ℃五个试验温度，并保持这个温度恒定 4 h，取出试件，如图 5-1 所示。在本节试验温度条件下，页岩的外观颜色变化不明显，其外观黑色有些许淡化的迹象，可能是由于页岩试件中的有机成分受到高温影响发生变质，在宏观上并没有出现裂纹。

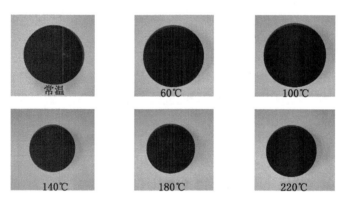

图 5-1　各加热温度后试件照片

再次测量各温度条件下的页岩试件尺寸与质量，同时测量试件的纵波波速。如图 5-2a 可以看出，页岩的质量损失程度随着温度的变化分为了两个阶段，其损失率出现了先降低后升高的趋势。在 100 ℃之前可能是页岩层理之中的水分缓慢蒸发，因为页岩本身就较为致密，其层间水分含量有限，这对页岩的质量影响较小，所以 100 ℃前的质量变化也较为缓慢，质量损失率大概在 0.72%。温度在 100～180 ℃之间时页岩之中的各种矿物所吸附的水分开始溢出，相比第一阶段这部分质量的损失更多，质量损失率上升得更快，说明页岩的矿物吸附水分较多并且一旦开始溢出其随温度变化速度更快。当温度达到 200 ℃左右时页岩内部一些有机成分发生的热分解对试件质量的影响开始凸显，但是其质量损失率还是维持在1.0%～1.1%的范围内。同时观察图 5-2b 页岩的密度随温度的变化规律。页岩的密度随温度变化也出现了阶段性的变化情况，在常温～50 ℃与 100～180 ℃这两个温度阶段页岩密度变化较为迅速，这与页岩质量损失率表现出的情况相对应，在这两个温度降低页岩的质量损失较快，所以影响了页岩密度。常温条件下密度为 2.5499 g/cm³ 下降到 60 ℃时 2.5404 g/cm³，下降幅度为 0.37%，密度由 100 ℃时的 2.5391 g/cm³ 下降到180 ℃时的密度 2.5265 g/cm³，下降幅度为 0.49%。通过测量可知，页岩试件的体积在试验温度条件下有所增大，但增大程

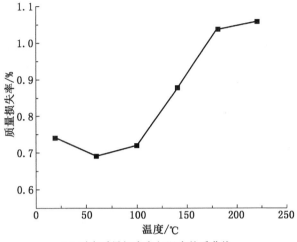

(a) 页岩质量损失率与温度关系曲线

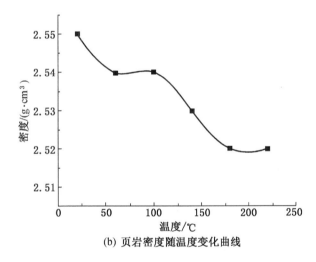

(b) 页岩密度随温度变化曲线

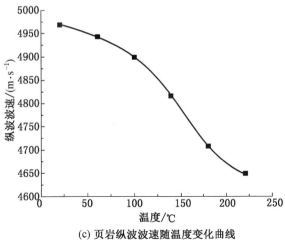

(c) 页岩纵波波速随温度变化曲线

图 5-2　页岩物理性质随温度变化

度较小，这应该是页岩受热产生的膨胀变形，所以页岩的密度表现出随温度升高而减小的规律。熊健等人对高温条件下龙马溪组的页岩物理性质进行了研究，温度超过 400 ℃时页岩呈现出一种明显的灰白色失去原有的黑色，在这之前页岩颜色变化不明显，并且页岩的密度随着温度的升高表现出一种下降的趋势。这与本节试验结果相一致。

在常温条件下此批次页岩的纵波波速平均为 4971 m/s。测试不同温度条件下的纵波波速，经过统计平均点绘制曲线得到图 5-2c。随着页岩热处理温度的提高，页岩的纵波波速表现出逐渐减小的趋势，并且纵波波速随温度升高而变化得越快。常温至 100 ℃纵波波速降幅为 1.4%，100~200 ℃纵波波速降幅为 4.5%。高温处理页岩使得页岩中所含水分丧失，前人研究得知，在水中超声波的传播速度是在空气介质中波速的 5 倍。同时温度作用使得页岩内部结构发生变化，有微裂纹的闭合也有新微裂纹的产生，声波在裂纹中传播产生折射与反射行为，使得声波携带能量降低，传播路程增加。温度还同时影响页岩中一些物质的性质，高温可能使得其中的物质变性。综合各因素的影响，页岩的纵波波速表现出随温度降低而发生变化的规律，在较低温度时的波速变化较快，因为页岩中筛分更容易受到温度的影响，在温度达到一定程度后，页岩内部物质趋于相变，相变需要吸收大量的热，因此小梯度的温度改变对页岩内部结构的影响减弱，造成其纵波波速的变化有所减缓。

页岩在高温作用后它的质量、密度、纵波波速这些物理性质发生变化，这都表示高温对页岩产生影响。超声波在介质中传播的过程中，它可以反映出岩石内部结构与性质的一些变化，因为不同材料会有不同的波速，相同材料其内部结构有微小的变化也会表现出不同的波速。所以为了表示温度对页岩的损伤程度，选用纵波波速与密度来共同表示岩石热损伤值。岩石热损伤值 D 计算公式如下：

$$D = 1 - \frac{\rho_1 c_1^2}{\rho_0 c_0^2} \qquad (5-1)$$

式中　　ρ_0、c_0——岩石热处理前的密度与纵波波速；

　　　　ρ_1、c_1——热处理后岩石试件的密度与波速。

由图 5-3 可以看出页岩的热损伤值随着热处理的温度升高而增大，并且在 100 ℃之前热处理会使得页岩中水分脱离出岩石。同时伴随一些微裂缝的闭合，微裂隙的闭合有助于岩石致密程度增加，孔隙水的脱出则是一种对岩石的损伤，从而热损伤值表现出了缓慢增长。100~200 ℃这个阶段，说明高温作用后页岩的内部各组分由于热应力差异大导致了新微裂缝的生成，并且随着温度升高微裂缝增多，热损伤表现得更加剧烈。选用 Logistic 曲线对热损伤值与温度关系进行非线性拟合。其表达式为：

$$D = \frac{a}{1 + b\,e^{-kT}} \qquad (5-2)$$

式中　　a、b、k——常数；

　　　　T——温度值。

拟合结果近似为"s"形的曲线，拟合参数 $a = 0.15$、$b = 98.14$、$k = 0.03$、$R^2 = 0.99$，可以看出用 Logistic 公式来拟合热损伤值与温度关系其拟合程度很高，可以很好反映页岩的热损伤随温度的变化规律。

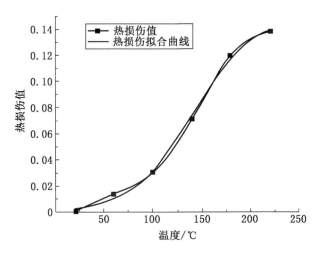

图 5-3　热损伤值与温度变化规律

5.2　试件制备与试验装置

本章试验使用的是中国矿业大学（北京）的 ϕ 50 mm 的 SHPB 压杆试验系统。此试验系统采用的是合金钢材料的入射杆和透射杆，入射杆长度为 2000 mm，透射杆长度为 1800 mm，弹性模量 210 GPa，纵波波速 5146 m/s，杆的密度 7900 kg/m³。因为试验涉及高温，所以采用型号为 SX3-4-13 的陶瓷纤维电阻炉对试件进行加热，如图 5-4a 所示。在加热炉中对试件以恒定速率进行加热，当加热温度达到设定温度后进入恒温模式，保持 4 h 恒温状态，使试件内外加热均匀。当试件加热完毕后迅速将试件转移至管式加热炉中，进行温度补偿并准备撞击，使试件保持在设定温度的环境下进行试验，管式炉如图 5-4b 所示。

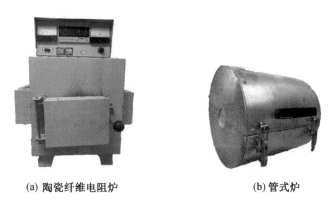

(a) 陶瓷纤维电阻炉　　　　　　　　(b) 管式炉

图 5-4　温控设备

在动态试验中，施加不同的冲击气压，来调节子弹撞击速度，使得岩石试件可以获得不同的冲击荷载。本试验将分别在常温（20 ℃）、60 ℃、100 ℃、140 ℃、180 ℃、220 ℃ 六个温度条件下进行，冲击气压为 0.24 MPa、0.28 MPa、0.31 MPa、0.35 MPa 的动态冲击压缩试验，每组至少 3 个以上试件。

5.3　页岩试件在不同温度下的动态压缩试验研究

5.3.1　动态应力-应变曲线

选取一条应力-应变曲线为例，图 5-5 所示为试验温度条件为 220 ℃、一块整体破坏的页岩试件的应力-应变曲线。由图 5-5 可见，可以将其大致分为 4 个破坏阶段。

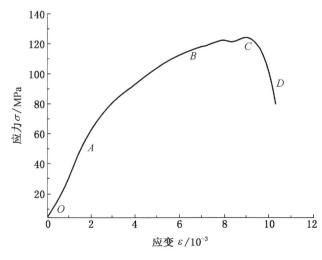

图 5-5　220 ℃ 应力-应变曲线

（1）线弹性段 OA，从零点 O 点到 A 点这一段，可以看出 O 点前有很小一段的非线性线段，这一阶段是因为在冲击荷载作用最初阶段对页岩试件内部裂隙的一种闭合挤压作用，这使得试件密实程度增大。但是因为试验采取地区页岩本身密实程度比较高，并且增加了温度作用，所以这一压密阶段很短并且不明显。短暂压密阶段后随着页岩的继续压密，试件进入弹性变形，此阶段曲线近似为直线并且符合胡克定律。

（2）微裂纹发育段 AB，此阶段页岩在之前弹性阶段产生变形的基础上内部微小裂隙开始萌发，在这个阶段曲线切线的斜率有所减小。应力随应变的变化不如第一阶段剧烈，外观上页岩还没有明显的破坏特征。

（3）裂隙快速发展阶段 BC，这个阶段页岩应力增幅较小，应变增大较快，岩石内部小裂纹快速发育扩张最终表现出肉眼可见的裂纹，并且这种扩展的具有一定的随机性，C 点为页岩达到的峰值应力点。

（4）破裂卸载阶段 CD，在峰值应力点后，页岩试件变形还未停止，此时曲线快速下降，试件承载力迅速丧失，直到页岩试件最终破碎成块。

5.3.2　不同温度条件页岩应力-应变曲线

相同的冲击气压作用于不同温度处理的试件上，经过筛选得到的部分典型应力-应变曲线如图 5-6 所示。从图 5-6 中可以看出，在不同温度条件、不同冲击条件下曲线走势大致相似，可以分为 4 个主要的变化阶段，分别为线弹性阶段、微裂纹发育阶段、裂隙快速发展阶段、破裂卸载阶段，说明在本章试验温度范围内页岩的力学性质没有发生剧烈变化。

可以看出，线弹性阶段前有一小段非线性线段，随着冲击气压的提高逐渐消失，应力-应变曲线直接由线线弹性阶段开始。说明页岩试件微裂隙的压密阶段随着应变率的提高而

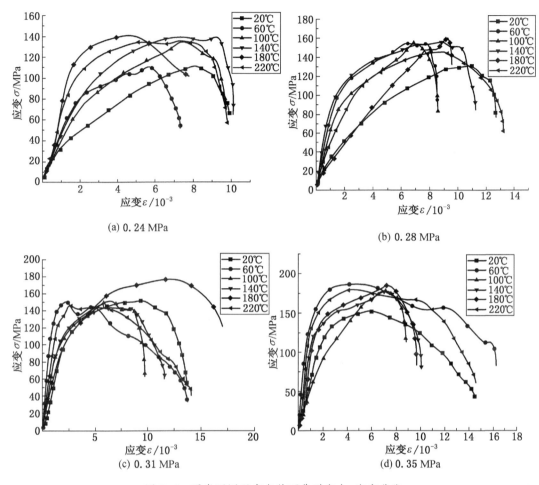

图 5-6　页岩不同温度条件下典型应力-应变曲线

变得不明显，在应力-应变曲线上无法体现。随着试验温度的升高与常温条件相比，曲线的线弹性阶段占曲线的比例有所提高，微裂纹发育阶段所占比例减少，最后的卸载阶段陡峭程度稍有增大，线弹性阶段斜率也有增大，仍然表现为脆性破坏。相同温度条件下，随着冲击速度的提高，线弹性阶段占比也有所提高。在 0.31 MPa 与 0.35 MPa 冲击气压下60 ℃的应力-应变曲线位于最外侧，可见由于温度的施加，导致此时页岩试件的内部微裂缝闭合，并且在达到峰值时的应变更小，180 ℃、220 ℃应力-应变曲线有出现类似平台的阶段，说明高温增加了页岩的塑性。

5.3.3　峰值应力变化规律

图 5-7 所示为不同冲击速度条件下页岩峰值应力随温度变化的曲线，线中的点都是由3 个以上数据点平均所得。在相同温度条件下峰值应力会随着加载气压的增大而增大。在0.28~0.31 MPa 冲击气压下页岩峰值应力增幅很小，平均为 4.89%。在相同 6 个温度条件下，加载气压由 0.24 MPa 增加到 0.35 MPa 的峰值应力增幅分别为 35.81%、57.2%、54.19%、40.86%、47.07%、41.91%。可以看出，高温状态比常温状态下页岩抗压强度增幅更大，抗压强度对加载气压的敏感性要高。相同的加载气压情况下，峰值应力随着温

度的升高呈现出一种先增大后减小的趋势。以 0.35 MPa 的加载气压为例，从常温页岩峰值强度 155.15 MPa、60 ℃强度 180.46 MPa、100 ℃强度 194.98 MPa、140 ℃强度 202.48 MPa、180 ℃强度 205.75 MPa、220 ℃强度 184.62 MPa 分别提升 16.31%、8.04%、3.85%、1.61%、−10.27%。可见在本试验温度范围 20~220 ℃之间存在着一个临界温度，在这个临界温度之前页岩抗压强度随温度升高而升高，临界温度后随温度升高而降低。可见温度提升在一定范围内对于页岩的强度有提升作用，当超过界限值，高温带来的损伤将会降低其抗压强度。

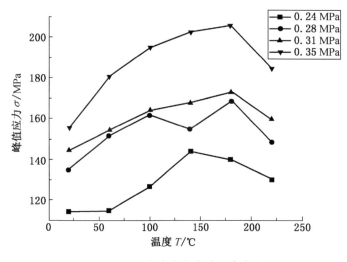

图 5-7　页岩峰值应力随温度变化

根据试验数据取平均值做点，绘制了应变率为 80~260 s⁻¹ 的不同温度条件下抗压强度散点图（图 5-8）。

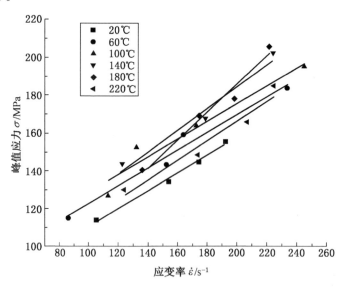

图 5-8　不同温度条件下页岩抗压强度随应变率变化

将相同温度的点用直线拟合的方式进行拟合，拟合公式为：

$$\sigma = b + a\dot{\varepsilon} \qquad (5-3)$$

直线拟合参数见表5-1。

表5-1 直线拟合参数

温度/℃	a	b	R^2
20	0.46	64.91	0.9898
60	0.47	75.73	0.9750
100	0.48	81.18	0.9403
140	0.58	68.24	0.9552
180	0.73	38.21	0.9709
220	0.51	63.43	0.9515

首先可以发现页岩的动态抗压强度比静态的抗压强度要大,并且可以看出不管是常温还是220 ℃的高温条件下,页岩的抗压强度都会随应变率增大而增大,说明页岩也具有应变率效应。20~220 ℃拟合直线斜率分别为0.46、0.47、0.48、0.58、0.73、0.51。我们用斜率来表示其敏感性,可以看出不同温度条件页岩的抗压强度随应变率变化敏感程度不同,在常温情况下应变率效应最弱,随温度增加敏感程度提高180 ℃时应变率效应达到最强,随后随温度提高敏感度降低。

5.3.4 峰值应变的变化规律

岩石的峰值应变是岩石变形能力的一种体现,图5-9a是页岩的峰值应变与应变率的关系曲线。

总体来看,20 ℃、60 ℃、220 ℃峰值应变分布比较接近,100 ℃、140 ℃、180 ℃分布比较接近,并且100 ℃的分布范围低于20 ℃范围,说明可能一定程度的加温,使页岩内部裂隙因其组成物质热膨胀而闭合,使页岩变形能力减弱,整体性更强。对峰值应变与应变率的点进行直线拟合,拟合公式为:

$$\varepsilon = b + a\dot{\varepsilon} \qquad (5-4)$$

直线拟合参数见表5-2。

表5-2 直线拟合参数

温度/℃	a	b	R^2
20	4.25×10^{-5}	0.0052	0.9451
60	5.32×10^{-5}	0.0033	0.9886
100	3.07×10^{-5}	0.0055	0.8729
140	7.19×10^{-6}	0.0097	0.7678
180	4.75×10^{-5}	0.0030	0.9730
220	3.33×10^{-5}	0.0072	0.9938

20~220 ℃拟合直线斜率分别为4.25×10^{-5}、5.32×10^{-5}、3.07×10^{-5}、7.19×10^{-6}、4.75×10^{-5}、3.33×10^{-5}。可见不同温度条件下峰值应变与应变率呈正相关,随应变率增大峰值应

变有一定程度增大，并且 140 ℃时应变率对峰值应变的影响最小。由图 5-9b 可以看出，页岩在同一冲击气压条件下，峰值应变随温度大致有一个先减小后增大的过程，此现象可能是因为页岩内部裂隙受温度影响而被压密。

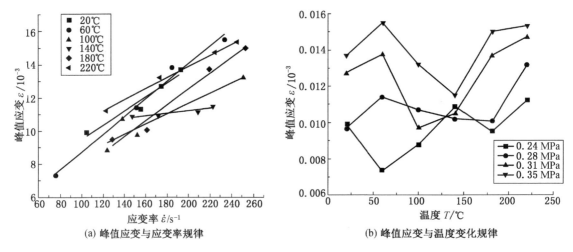

(a) 峰值应变与应变率规律　　　　　　　　(b) 峰值应变与温度变化规律

图 5-9　页岩峰值应变变化规律

5.3.5　页岩弹性模量的变化规律

弹性模量是岩石的一个重要力学参数，它有割线模量、切线模量等不同的表示方法，本小节取页岩应力-应变曲线中近似直线线段的平均斜率作为页岩的弹性模量。如图 5-10a 为不同试验温度条件下页岩动态弹性模量随应变率变化的拟合曲线。

图 5-10 曲线中的点为试验数据平均处理后的点，采用多项式拟合的方式进行拟合，拟合公式为：

$$E = c + a\dot{\varepsilon} + b\,\dot{\varepsilon}^2 \tag{5 - 5}$$

多项式拟合参数见表 5-3。

表 5-3　多项式拟合参数

温度/℃	a	b	c	R^2
20	0.25	-3.83×10^{-4}	26.08	0.8157
60	0.38	-8.23×10^{-4}	17.71	0.9944
100	0.27	-5.82×10^{-4}	8.00	0.9868
140	0.15	-1.48×10^{-4}	19.14	0.9132
180	-0.72	0.0021	102.90	0.8460
220	0.01	5.46×10^{-4}	16.68	0.9231

可以看出，常温（20 ℃）与 60 ℃试件弹性模量相近，变化也是随应变率增大而增大的趋势，并且斜率相近，说明 60 ℃与常温相近，对试件弹性模量影响较小。同时可以看出其他 4 组弹性模量比常温条件下弹性模量要小。并且有随应变率增大而增大的情况，也有随应变率增大而减小的情况，在各试验温度条件下弹性模量增幅与降幅都比较小。在不同的温度条件下，弹性模量与应变率的关系曲线有凹有凸，可见在本章试验条件下弹性模

量与应变率的变化规律不明显。比较常温（20 ℃）与 220 ℃ 的弹性模量，可见温度的升高对页岩造成了损伤，所以降低了试件的弹性模量。图 5-10b 为在同一加载气压下，不同温度试件的动态弹性模量。可见随着加载温度的提高，页岩的动态弹性模量呈现降低的趋势。并且在不同的冲击气压下，其敏感程度大致相同。

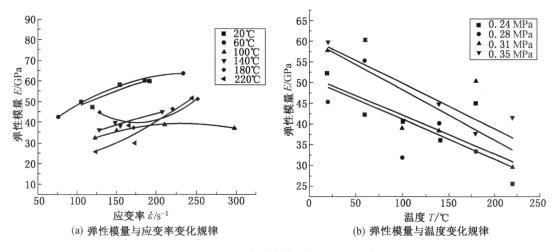

(a) 弹性模量与应变率变化规律　　　　(b) 弹性模量与温度变化规律

图 5-10　页岩弹性模量变化规律规律

5.3.6　页岩动态压缩破坏特征

对加热后的试件进行称重与波速测试后发现，试件质量有 1~2 g 的减小，试件纵波波速比未加热前波速也有所降低，说明温度对于试件产生了一些影响。温度可能对岩石的力学性能产生强化作用，也可能产生弱化作用。在温度作用下岩石试件内部水分蒸发质量减少，岩石内部各成分热膨胀系数不同，导致岩石中孔隙被填满，原有的裂缝闭合，页岩的各层理间胶结得更紧密，达到一种强化作用。岩石中水分以附着水、结合水、结晶水等形式存在，不同的温度会使不同存在形式的水逸出从而影响岩石力学性质，温度升高到一定程度，岩石可能会因为颗粒之间膨胀差异导致产生新的裂纹，并且矿物成分发生变质，产生弱化作用。从抗压强度、峰值应变、弹性模量来看，页岩在 20~220 ℃ 温度范围内没有明显的劣化作用，并且页岩的抗压强度有所强化，在 100~180 ℃ 之间存在抗压强度增强的临界温度。

图 5-11 为页岩在不同温度条件下冲击破坏的照片。可以看出，页岩试件的破碎程度在常温下最大。赵亚永等研究指出花岗岩、砂岩、大理岩的变形能力随温度升高呈现上升趋势，砂岩是由于胶结物内部裂纹，花岗岩和大理岩是晶结裂纹与矿物相变的共同作用结

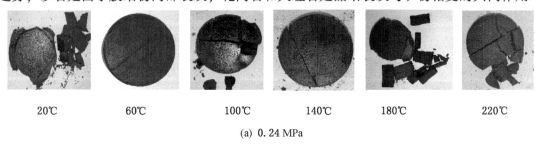

| 20℃ | 60℃ | 100℃ | 140℃ | 180℃ | 220℃ |

(a) 0.24 MPa

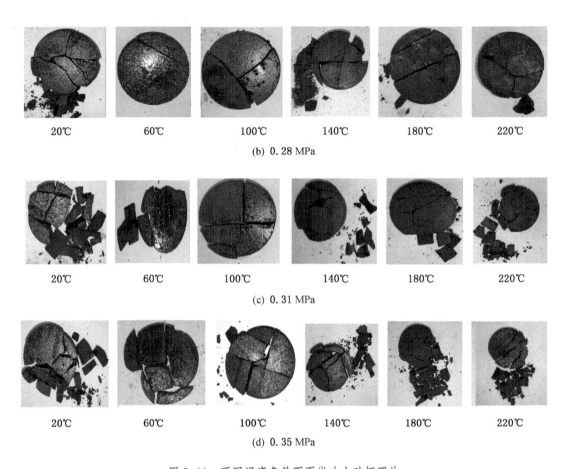

图 5-11 不同温度条件下页岩冲击破坏照片

果。页岩也有可能是层理间胶结与本身矿物相变共同作用对其变形产生影响。60~220 ℃破碎程度依次增大，并且试件主要沿着轴向劈裂破坏，周围些许出现一些劈裂小块。可见与常温相比，各温度梯度下试件破坏的裂缝更多，60~220 ℃裂纹有增多趋势。

5.4 高温条件下巴西劈裂试验

5.4.1 试验方案与试验原理

页岩是一种具有层理构造的岩石。层理与施加力所成的角度对于层状岩石的动态抗拉强度有显著影响，当角度为水平时的强度最低，垂直情况下强度最高，并且层状岩石的破坏模式也与层理角度有关。曾健新等对黑色露头页岩进行了静态条件下的巴西劈裂试验，发现了角度不同页岩的破坏模式也有差别，在荷载加载方向与层理面角度为0°时测试得到的抗拉强度最小。在静态条件下根据许多的岩石力学研究，可知岩石的抗拉强度比抗压强度要小得多，岩石更加容易受到拉伸应力而导致破坏，很多时候岩石所受到的力会是动态加载的情况，所以本节将对页岩施加温度，探究温度对页岩动态抗拉强度产生的影响。在抗拉强度测试中运用SHPB试验系统，用巴西劈裂试验方法进行试验，试验装置如图5-12所示。

在岩石试验中我们不得不考虑由于尺寸效应带来的误差，在岩石试件直径为 50 mm 用

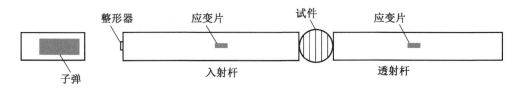

图 5-12 动态劈裂试验装置示意图

巴西圆盘法得到的抗拉强度较为稳定，因此用尺寸为 $\phi 50$ mm×25 mm 的标准圆盘进行试验。本章试验使用的是中国矿业大学（北京）的 $\phi 50$ mm 的 SHPB 压杆试验系统，采用型号为 SX3-4-13 的陶瓷纤维电阻炉对试件进行加热。在加热炉中对试件以恒定速率进行加热，当加热温度到达设定温度后进入恒温模式，保持 4 h 恒温状态，使试件内外加热均匀。当试件加热完毕后迅速将试件转移至管式加热炉中进行温度补偿，并准备撞击，使试件保持在设定温度的环境下进行试验。由于页岩具有层理所以需要注意试件放置的角度，需要使加载力与层理角度呈 90°。

在准静态条件下巴西圆盘劈裂试验法计算拉应力公式为：

$$\sigma_t = \frac{2P}{\pi BD} \tag{5-6}$$

式中 σ_t——拉应力，MPa；

P——试件破坏时施加的径向力的大小，N；

B——圆盘试件厚度，mm；

D——圆盘试件直径，mm。

在试验准备就绪后，给气缸充入氮气，然后击发子弹。子弹撞击入射杆端，入射波整形后被入射杆的应变片采集到信号，这个入射脉冲即为入射波 ε_i。当入射波传递到试件与入射杆接触面时将会有一部分透过试件形成透射波，然后被透射杆应变片采集即为透射波 ε_t，没有透射过去的波即为反射波返回到入射杆，被入射杆应变片采集为透射脉冲 ε_r。由于在试件中的应力达到平衡状态，在静态和动态条件下试件内应力的情况相一致，所以在动态试验条件下，可以运用准静态公式计算试件的抗拉强度。抗拉强度计算公式为：

$$\sigma_t(t) = \frac{2P(t)}{\pi BD} \tag{5-7}$$

$$\varepsilon_t = \varepsilon_i + \varepsilon_r \tag{5-8}$$

$$P_1(t) = E_0 A_0 [\varepsilon_i(t) + \varepsilon_r(t)] \tag{5-9}$$

$$P_2(t) = E_0 A_0 \varepsilon_t(t) \tag{5-10}$$

$$\sigma_t(t) = \frac{2E_0 A_0 \varepsilon_t(t)}{\pi DB} \tag{5-11}$$

式中 $\sigma_t(t)$ ——试件动态拉应力；

E_0 ——试验杆的弹性模量；

A_0 ——试验杆的截面面积。

取拉应力的最大值为试件的动态抗拉强度。

本试验将分别在常温（20 ℃）、60 ℃、100 ℃、140 ℃、180 ℃五个温度条件下进行，进行冲击气压分别为 0.18 MPa、0.20 MPa、0.24 MPa、0.27 MPa 的动态冲击劈裂试验，每组至少 3 个以上试件。

5.4.2　试验结果

高温下页岩动态巴西圆盘劈裂试验的结果见表 5-4。

表 5-4　页岩动态巴西圆盘劈裂试验记录

试验温度/℃	编号	加载气压/MPa	抗拉强度/MPa	平均应变率/s^{-1}
20	DP-20-1	0.18	23.99	73.33
	DP-20-2	0.20	27.24	80.37
	DP-20-3	0.24	30.61	108.40
	DP-20-4	0.27	31.02	126.72
60	DP-60-1	0.18	24.97	61.60
	DP-60-2	0.20	30.45	94.49
	DP-60-3	0.24	31.02	116.13
	DP-60-4	0.27	33.70	136.71
100	DP-100-1	0.18	26.35	88.52
	DP-100-2	0.20	31.43	78.78
	DP-100-3	0.24	35.67	115.02
	DP-100-4	0.27	36.71	121.63
140	DP-140-1	0.18	27.86	64.78
	DP-140-2	0.20	35.64	89.76
	DP-140-3	0.24	38.86	106.71
	DP-140-4	0.27	39.91	140.26
180	DP-180-1	0.18	23.30	82.96
	DP-180-2	0.20	25.53	106.98
	DP-180-3	0.24	30.52	119.96
	DP-180-4	0.27	31.68	133.67

应力-应变曲线是岩石的力学性质研究中的重要参考，图 5-13~图 5-16 所示为在同一加载气压条件下的不同温度的页岩的拉应力-径向应变曲线。

可以把拉伸应力-应变曲线大致分为 3 个阶段。在第一阶段可以看出在巴西劈裂试验中，在开始加载后页岩试件受力内部微小裂纹被压密，应力-应变曲线出现了大致上为一条斜直线的阶段，可见在成 90° 的径向加载过程中页岩具有较好的弹性。紧接着试件进入塑性变形的第二阶段，在这个阶段试件的应力-应变曲线为曲线，并且曲线斜率逐渐减小，在这个阶段内部裂纹迅速发育，并且试件的抗拉承载力达到峰值，我们把这个峰值点作为试件的抗拉强度。在应力-应变曲线中出现尖锐的转折点后进入第三个阶段。第三阶段为劈裂破坏阶段，这个阶段试件的主裂纹发展贯穿试件，次裂纹也充分发育，内部原生微小裂纹被压密，同时产生新的微裂纹。在应力达到峰值后马上下降，表示页岩迅速丧失了它的承载能力，页岩在此阶段表现出很强的脆性。

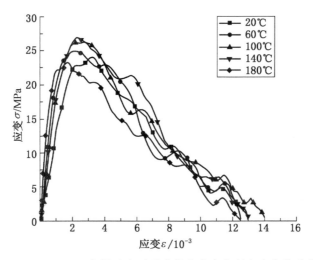

图 5-13　0.18 MPa 气压冲击时页岩拉伸应力与径向应变关系曲线

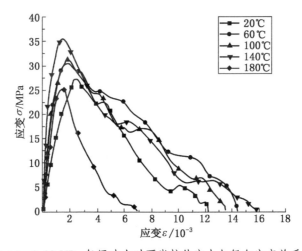

图 5-14　0.20 MPa 气压冲击时页岩拉伸应力与径向应变关系曲线

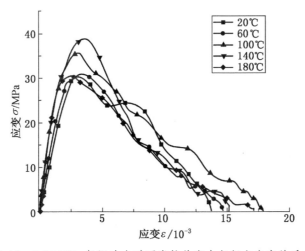

图 5-15　0.24 MPa 气压冲击时页岩拉伸应力与径向应变关系曲线

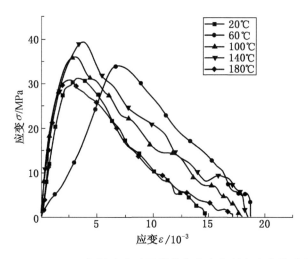

图 5-16　0.27 MPa 气压冲击时页岩拉伸应力与径向应变关系曲线

在这 4 种冲击气压条件下，页岩的拉伸应力-应变曲线走势在不同温度情况表现出大致相同的形式。并且温度常温到 140 ℃ 曲线走势向坐标轴上方偏移，温度为 180 ℃ 时又回到了与常温条件差不多的情况。表示在常温到 140 ℃ 内的温度对于页岩的抗拉具有一定的正向影响，这可能是由于温度作用使得页岩层理间胶结程度提高，提升了胶结面强度，也使得页岩基质的微裂隙闭合。但是如果温度超过某一值，页岩内部物质就会在高温作用下发生性质改变，同时伴随着热胀冷缩现象，使页岩试件出现热损伤。

5.4.3　拉伸应力时程曲线变化规律

根据霍普金森试验系统试验杆上应变片所采集的数据，可以计算得到试件的应力变化情况，即页岩的动态抗拉强度。依靠拉伸应力与时间绘制应力时程曲线，如图 5-17 所示，试件的加载速率 $\dot{\sigma}$ 可由应力时程曲线上的斜直线段计算得到，计算公式为 $\dot{\sigma} = \tan\alpha$。

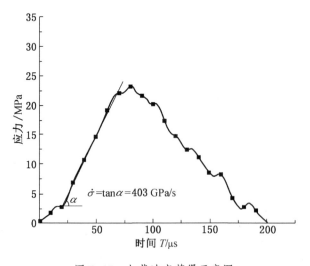

图 5-17　加载速率获得示意图

图 5-18 所示为在同一温度条件下，不同冲击气压劈裂页岩圆盘试件的拉伸应力时程曲线。

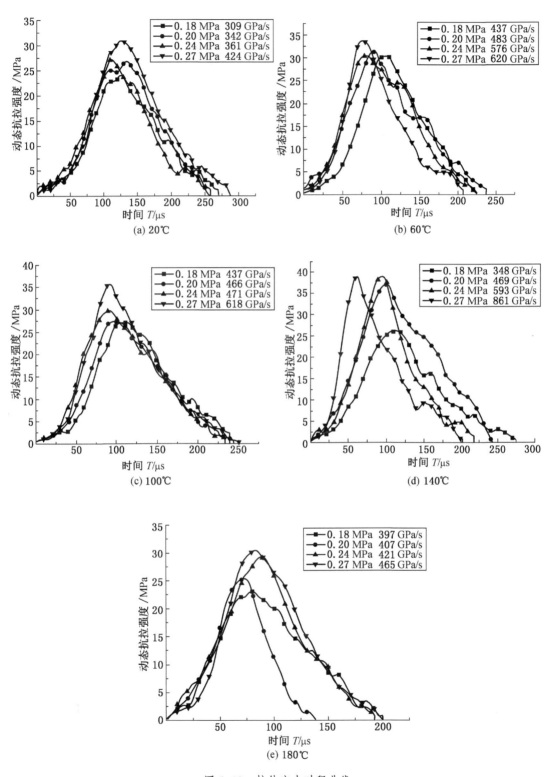

图5-18　拉伸应力时程曲线

依据曲线可以看出在同一温度条件下，试验冲击气压越大所产生的加载速率越大，并且页岩的动态抗拉强度也有提高。不同温度条件下应力时程曲线的变化趋势也大致相同。在同一温度条件下，计算得到的加载速率随着施加的冲击气压的增大而增大。在20~140 ℃这个区间相同的冲击气压，产生的加载率随着温度的提高有一定的提高，在140 ℃时0.27 MPa的冲击气压，使页岩的加载率达到了861 GPa/s。相比之下可以发现，在140 ℃时相同气压产生的加载率基本上都为一个较高值，在180 ℃加载率水平又回到了与常温相似的情况，可以看出页岩这种岩石的加载率变化与施加的气压和它的温度条件有一定的内在联系。同一温度条件下，也可以看出随着加载速率的升高，页岩的动态拉伸应力在达到峰值前的上升段也是一个上升的趋势。在常温条件时程曲线达到峰值的时间为100~150 μs，在180 ℃时程曲线达到峰值的时间为50~100 μs，并且在常温至180 ℃这个过程中，时程曲线达到峰值的时间在缩短，温度使岩石性质发生了变化，影响了动态抗拉强度，使得页岩的动态抗拉强度时程曲线展示出了其受温度的影响，升高温度使得试件受损。并且随着温度的升高，时程曲线刚开始加载的第一阶段逐渐缩小，拉伸应力变化加快。这说明高温状态下页岩试件受到相同大小的冲击，试件破坏前在同一时间其试件内部应力与常温条件相比是增大的，试件破坏得更迅速。

5.4.4　峰值拉应力与温度变化规律

把动态拉伸应力的峰值应力作为页岩的抗拉强度，根据试验数据，同冲击气压、同温度条件下得到的多个点，对相近的、具有一定重复率的点取平均值，得到图5-19中的点。

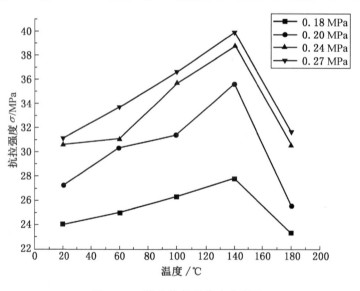

图5-19　峰值抗拉强度变化规律

在动态试验前对这一批页岩在常温条件下进行静态的巴西劈裂试验，得到的抗拉强度在10 MPa左右，可见在动态条件下，页岩的抗拉强度为静态抗拉强度的2~3倍。试验气压为0.18 MPa时峰值抗拉强度在23~28 MPa之间，当温度从常温到140 ℃，抗拉强度从23.99 MPa上升到27.86 MPa，上升速率为3.23%；180 ℃时抗拉强度下降为23.3 MPa，下降速率为11.40%。根据曲线可以看出在试验的4个气压条件下，页岩的抗拉强度都在140 ℃达到了一个最大值，使曲线呈现一个"倒V"形状，可以看出在本试验的温度范围内，页岩的抗拉强度存在一个界限点，并且这个界限点位于温度 140 ℃左右。在本节以下内容把曲线上最高的转折点称为曲线峰值，从常温到 140 ℃数值的上升速度为上升速率，数值从 140 ℃下降速度为下降速率。同时可知，0.20 MPa 气压条件下，抗拉强度范围为 25~36 MPa，上升速率为 7.00%，下降速率为 25.27%；0.24 MPa 气压条件下，抗拉强度范围为 30~39 MPa，上升速率为 6.87%，下降速率为 20.85%；0.27 MPa 气压条件下，抗拉强度范围为 31~40 MPa，上升速率为 7.41%，下降速率为 20.57%。分析得知在 0.18 MPa 的加载气压条件下，页岩的抗拉强度随着温度变化速度比其他高气压条件变化得要慢；在低加载气压条件下，页岩的抗拉强度受温度影响较小；在高冲击气压条件下，温度对抗拉强度影响会加强。

5.4.5　峰值拉应力与应变率变化规律

将页岩试件的动态拉应力峰值作为抗拉强度，筛选取平均值得到如图 5-20 所示的抗拉应力与应变率关系。

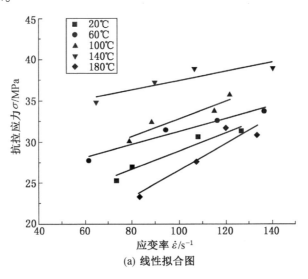

(a) 线性拟合图

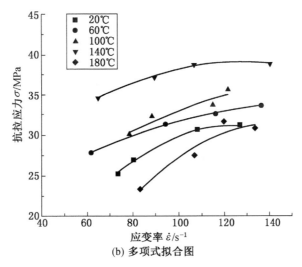

(b) 多项式拟合图

图 5-20　抗拉应力-应变率关系

　　从图 5-20 中可以看出页岩试件的抗拉应力随应变率增大是一个逐渐增大的过程,并且在 20~180 ℃都存在这样的规律。不同温度条件使得页岩的抗拉强度随应变率的变化关系也不相同,将这些点通过直线拟合的方式拟合得到的直线拟合图,可以看出这些直线的斜率是不相同的。如果我们用直线的斜率大小表示应变率对页岩抗拉强度的影响大小,在 180 ℃时直线斜率为 0.165,在 140 ℃时直线斜率为 0.054,在 25 ℃时直线斜率为 0.112。在纵向上看相同的应变率条件下,页岩的抗拉强度随温度的上升(20~140 ℃)是增大的关系,180 ℃时的抗拉强度低于常温条件下的抗拉强度。横向上看,在 140 ℃时拟合直线的斜率是最小的,180 ℃时拟合直线的斜率最大,在 140 ℃的温度时由于加热使得页岩的内部微裂隙闭合,各层理之间的联系变得更加紧密,继续加热可能就会产生膨胀,使得紧闭的微裂隙错开,并且伴生新的微裂隙,所以在 180 ℃时页岩抗拉强度受应变率影响更大,并且大于常温条件下的影响程度。

　　可见多项式拟合能更好包容数据点,更能反映出不同温度下页岩抗拉强度与应变率的关系。多项式为:

$$\sigma = c + a\dot{\varepsilon} + b\dot{\varepsilon}^2 \tag{5-12}$$

式中,系数 a、b、c 的取值见表 5-5。

表 5-5　不同温度条件下页岩试件拉伸应力-应变率关系参数取值

温度/℃	a	b	c	R^2
20	0.5725	− 0.0023	− 4.2425	0.9992
60	0.2153	$− 6.90 \times 10^{-4}$	17.1120	0.9972
100	0.2612	$− 7.57 \times 10^{-4}$	14.5212	0.9014
140	0.2821	−0.0011	21.0226	0.9864
180	0.7045	− 0.0025	− 18.0827	0.9269

　　从多项式拟合可以看出,在各个温度梯度下,页岩试件的抗拉强度与应变率具有显著的正相关关系,但随着应变率的逐步提高,页岩试件的抗拉强度趋于一定值,应变率变化对抗拉强度的影响减弱。由图 5-20 可见,在 140 ℃时,应变率与抗拉强度关系曲线较为平缓,而 180 ℃条件下,曲线则尤为陡峭,说明在 180 ℃条件下,应变率变化对页岩试件抗拉强度的影响较 140 ℃条件下更大,同样也体现出温度对页岩的岩石性质产生的影响。

5.4.6　动态巴西劈裂破碎形态

　　图 5-21 给出了在相同冲击气压条件下,不同温度的页岩圆盘劈裂试验试件动态劈裂破坏形态照片。

　　通过图 5-21 可以看出,在各冲击气压条件下,试件都有中间的一条主要的裂纹,这个裂纹方向与力施加的方向一致,页岩试件自身微小裂隙还没有来得及完全发育,试件就沿着力的施加方向产生新裂缝,将试件从中间分为两个主要块体,使得试件破坏后呈现"川"字形的形态。这样的破坏形式与页岩试件在静态加载条件下破坏形式大致相同,同时也表明了此巴西劈裂试验数据用作页岩试件抗拉强度的有效性。在较高的冲击气压下,

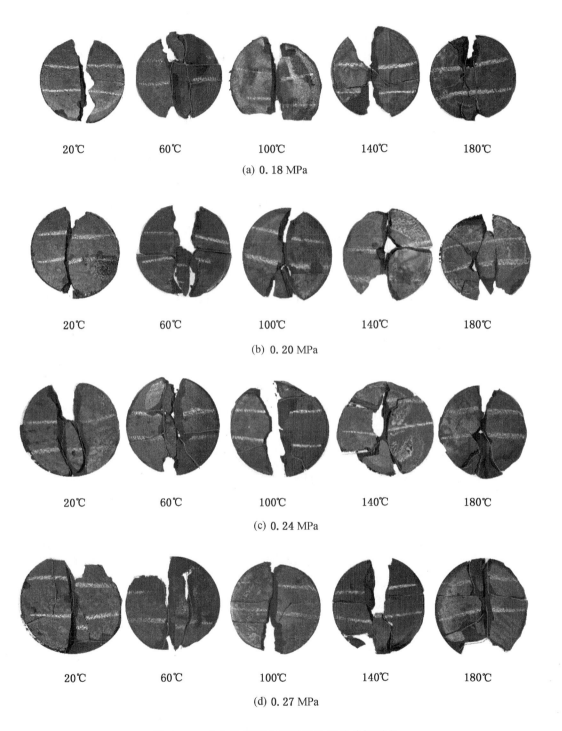

20℃　　　　60℃　　　　100℃　　　　140℃　　　　180℃

(a) 0.18 MPa

20℃　　　　60℃　　　　100℃　　　　140℃　　　　180℃

(b) 0.20 MPa

20℃　　　　60℃　　　　100℃　　　　140℃　　　　180℃

(c) 0.24 MPa

20℃　　　　60℃　　　　100℃　　　　140℃　　　　180℃

(d) 0.27 MPa

图 5-21　动态巴西圆盘劈裂试验试件破坏形态

试件的主要裂纹还没有发育贯穿试件，而受力端承受的压力超过抗压强度，并且由于页岩是层理试件，与冲击杆为点接触，更容易使接触点发生压碎。因为本试验使页岩层理面与加载方向成 90°，试件受到入射杆的作用，使试件出现多个应变集中的区域，试件的软弱层理面与应变集中区域的位置相关，可以看到在试件端部缺失部分断裂面为与层理面平行的情况。在横向上看相同冲击气压下，随着温度的升高页岩试件破坏的块数也在增多，破碎程度增加。纵向上看，在相同的温度条件情况下，破碎程度也随着冲击气压的增大而增大。页岩试件的破坏大多呈现出一种张拉破坏的模式，主要裂纹贯通试件，主裂纹在横向上产生次裂纹，次裂纹发展方向多是沿着层理方向，这是受到局部拉应力的作用，将页岩层理面拉开，而贯通的主裂纹是由页岩矿物基质受力产生的。

5.5 不同温度梯度下页岩试件在冲击荷载作用下的能量耗散及损伤分析

5.5.1 能量计算原理与试验结果

在 SHPB 试验中，用 W_I 表示入射杆输入的能量，W_T 表示透射杆端试件透过的能量，W_R 表示反射回去的能量。由能量守恒原理可以得到冲击过程中损耗的能量 W_L。在冲击试验中，页岩试件所吸收的能量不仅用于支持裂纹扩展，而且伴随着如碎片飞出的动能等其他形式的能量损耗。一般可以认为 W_L 为试件用于破坏所消耗的能量。

$$W_I = \left(\frac{AC_b}{E_b}\right) \int \sigma_I^2 dt = AC_b E_b \int \varepsilon_I^2 dt \qquad (5-13)$$

$$W_R = \left(\frac{AC_b}{E_b}\right) \int \sigma_R^2 dt = AC_b E_b \int \varepsilon_R^2 dt \qquad (5-14)$$

$$W_T = \left(\frac{AC_{bt}}{E_{bt}}\right) \int \sigma_T^2 dt = AC_{bt} E_{bt} \int {}^2 \varepsilon_T dt \qquad (5-15)$$

式中　　ε_I、ε_R、ε_T——入射应变、反射应变、透射应变；

A——试件截面面积；

σ_I、σ_R、σ_T——入射应力、反射应力、透射应力；

E_b、E_{bt}——入射杆和透射杆的弹性模量。

试件所吸收的能量包括原生裂隙的发育扩张和新裂纹的产生所吸收的能量，这一部分能量约占试件吸收能量的95%。试件破碎弹出会带有一部分动能，还有其他的能量损耗。这些能量占试件吸收能量约为5%，所以我们将试件的吸收能作为试件破碎的耗散能 W_L。试验中试件的尺寸大小略有不同，用单位体积所耗散的能量即试件的耗散密度，也叫作比能量吸收值 ξ，来描述耗散能的相对大小。在试验过程中子弹撞击入射杆过程，子弹的动能不能完全转化为入射波的能量，同样入射波的能量也只有一部分用作试件破坏被试件。将耗散能量与入射能量的比值作为能量利用率 η。

$$W_L = W_I - (W_T + W_R) \qquad (5-16)$$

$$\xi = \frac{W_L}{V} \qquad (5-17)$$

$$\eta = \frac{W_L}{W_I} \qquad (5-18)$$

5.5.2 试验结果与能量耗散过程

根据 5.5.1 中的计算公式可以得到试件在试验中能量的变化，让我们可以从能量的角度去分析岩石的损伤破坏规律。能量计算结果见表 5-6。

表 5-6 能量计算结果

试验数据	温度/℃	应变率 $\dot{\varepsilon}/\mathrm{s}^{-1}$	入射能 W_I/J	反射能 W_R/J	透射能 W_T/J	耗散能 W_L/J	比能量吸收值 $\xi/(\mathrm{J}\cdot\mathrm{cm}^{-1})$	耗散率 η
压缩试验能量数据	20	104.60	85.89	8.58	57.78	19.53	7.66	0.25
		155.99	104.99	18.04	76.49	26.64	10.45	0.23
		174.37	153.73	16.34	109.95	27.47	10.77	0.18
		192.41	197.56	12.4	155.01	30.19	11.84	0.15
	60	116.09	75.90	4.01	66.61	5.28	2.07	0.12
		151.94	109.82	12.50	87.64	9.68	3.80	0.10
		185.54	131.32	19.58	98.36	13.38	5.25	0.09
		234.05	176.47	15.98	139.05	21.45	8.41	0.08
	100	118.00	118.00	10.75	99.39	7.24	2.84	0.08
		130.98	130.98	7.75	112.99	10.86	4.26	0.07
		182.56	165.93	8.08	145.92	11.83	4.64	0.07
		241.18	209.37	27.62	163.82	17.45	6.84	0.06
	140	148.13	116.04	11.91	95.31	8.83	3.46	0.12
		171.25	106.61	13.30	80.56	12.75	5.00	0.10
		197.45	134.84	17.12	106.10	11.62	4.56	0.09
		223.71	200.79	19.11	166.06	15.61	6.12	0.08
	180	128.67	87.44	8.94	68.80	9.70	3.80	0.11
		172.61	103.39	25.18	67.63	10.57	4.15	0.10
		219.70	168.27	11.11	145.21	11.95	4.69	0.08
		243.35	201.66	18.54	168.63	14.49	5.68	0.07
	220	139.46	97.94	10.97	81.93	5.04	1.98	0.09
		173.87	113.36	18.83	86.83	7.70	3.02	0.08
		224.44	179.03	23.27	142.16	13.60	5.33	0.07
		245.52	186.93	14.65	155.09	17.59	6.90	0.07
劈裂试验能量数据	20	73.33	65.18	42.83	2.60	19.38	7.60	0.30
		96.62	78.83	53.41	3.11	22.31	8.75	0.28
		108.40	107.39	80.96	2.93	23.50	9.22	0.22
		126.72	154.85	122.41	3.92	28.51	11.18	0.18
	60	81.38	68.34	47.40	3.68	17.26	6.77	0.26
		94.49	76.97	54.71	3.22	19.04	7.47	0.25
		105.87	108.72	83.90	2.84	21.98	8.62	0.20
		129.13	137.44	114.31	2.80	22.95	9.00	0.17
	100	78.78	62.17	42.27	3.42	16.48	6.46	0.27
		102.56	94.53	72.92	2.67	18.94	7.43	0.20
		115.02	103.34	81.69	2.62	19.04	7.47	0.18
		121.63	116.25	93.29	3.76	19.21	7.53	0.16

表5-6(续)

试验数据	温度/℃	应变率 $\dot{\varepsilon}/s^{-1}$	入射能 W_I/J	反射能 W_R/J	透射能 W_T/J	耗散能 W_L/J	比能量吸收值 $\xi/(J \cdot cm^{-1})$	耗散率 η
劈裂试验能量数据	140	64.78	65.95	50.34	2.54	12.83	5.03	0.19
		89.76	91.53	75.98	2.23	13.91	5.45	0.15
		110.10	111.60	95.88	2.19	13.31	5.22	0.14
		140.26	134.07	113.67	3.54	16.87	6.62	0.13
	180	78.12	68.50	58.40	1.75	8.23	3.23	0.14
		96.96	87.85	73.53	3.84	10.35	4.06	0.12
		119.96	94.13	79.20	2.89	12.04	4.72	0.13
		133.67	121.65	102.83	3.04	15.77	6.18	0.12

图 5-22 所示为页岩动态压缩试验和动态巴西圆盘劈裂试验（100 ℃下）的典型能量时程曲线。

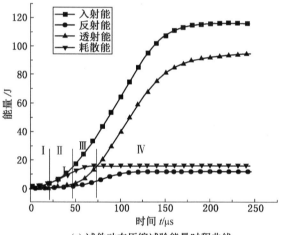

(a) 试件动态压缩试验能量时程曲线

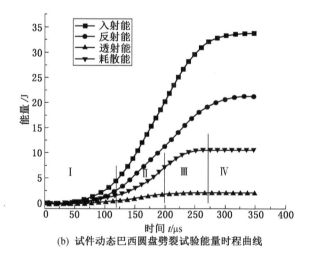

(b) 试件动态巴西圆盘劈裂试验能量时程曲线

图 5-22 页岩典型能量时程曲线

根据典型能量时程曲线，可以将劈裂和拉伸试验的能量时程曲线分为4个变化阶段。

第一阶段为压密阶段。在曲线开头冲击荷载作用到试件上使试件的微裂隙闭合，岩石密实程度增加，入射、反射、透射能量都在增加，此阶段岩石试件所需吸收能量少，耗散能曲线曲率较小，曲线增长缓慢。

第二阶段为弹性阶段。此阶段耗散能量曲线增长速度加快，在这个阶段试件吸收能量增多，吸收了大量的能量作用在裂纹，使之发育和萌生，并且有弹性储存。

第三阶段为屈服阶段。由上阶段发育新成长的裂纹和原有扩展的裂纹产生进一步的扩张和贯穿，岩石耗散能量的速度减缓，但是吸收的能量数值还在增长。

第四阶段为软化破坏阶段。吸收能量的数值达到最大值而不再增长，能量耗散曲线接近于水平直线，说明失去了继续耗散能量的能力。

在动态压缩试验中试件的透射能量高于反射能量，在动态巴西圆盘劈裂试验中则相反。这是由于劈裂试验为试件两端与杆件端面为点接触，不利于能量穿过，压缩试验中试件与杆端面接触面积大，能量易于透过。

5.5.3 耗散能与应变率变化关系

如图5-23a所示为在不同温度条件下页岩压缩试验耗散能量与应变率的变化规律。

以220 ℃为例，应变率从139.46 s⁻¹到245.52 s⁻¹，其耗散能从5.04 J增加到17.58 J，它的增长率达到了249 %。可以看出，随着应变率的增大，页岩的耗散能也增大，存在明显的应变率效应。不同的温度对于页岩造成的损伤程度不同，使得在各个温度条件下页岩的耗散能对应变率的敏感程度也有所差别，并且在压缩试验中没有表现出与温度相关的固定规律。对比常温（20 ℃）与220 ℃可以发现，在相同应变率条件下，高温条件下的耗散能要低得多。说明页岩在高温条件下吸收的能量更少。可能是因为高温条件页岩密实度增加，使得微小裂隙减少。

在较高冲击气压击发出的高速子弹冲击下，页岩只需将能量用于产生重要裂纹，从而减少了其他微裂纹扩展，并且温度升高到一定程度也可能会产生新的微裂纹，导致页岩破坏过程中不需要吸收过多冲击产生的能量，表现出的现象就是耗散能减小。对耗散能量与

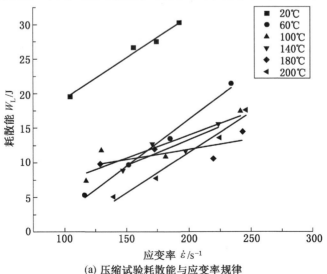

(a) 压缩试验耗散能与应变率规律

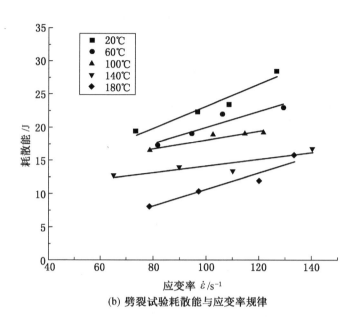

(b) 劈裂试验耗散能与应变率规律

图 5-23　页岩耗散能-应变率关系

应变率的点进行直线拟合，拟合公式为：

$$W_L = b + a\dot{\varepsilon} \qquad (5-19)$$

直线拟合参数见表 5-7。

表 5-7　直线拟合参数

温度/℃	a	b	R^2
20	0.1189	7.29	0.9840
60	0.1358	−10.90	0.9904
100	0.0658	0.81	0.9022
140	0.0754	−1.77	0.8678
180	0.0300	5.94	0.8730
220	0.1165	−11.84	0.9784

　　如图 5-23b 为劈裂试验耗散能量与应变率变化关系。可以看出，在劈裂试验中页岩的能量耗散也存在应变率效应。同一温度条件下随着应变率的增大试件耗散的能量也在增大，一方面因为高应变率状态输入试件的能量更多；另一方面高应变率情况下页岩的抗拉强度也有增大，所以使试件破坏需要更多的能量。在同一应变率条件下，页岩的耗散能随着温度的升高有减小的趋势，说明温度对页岩在劈裂状态的耗散能量也有影响，耗散能对应变率的敏感程度（拟合直线斜率）表现出先减小后增大的趋势。同样对耗散能量与应变率的点进行直线拟合，拟合公式为：

$$W_L = b + a\dot{\varepsilon} \qquad (5-20)$$

直线拟合参数见表 5-8。

表5-8　直线拟合参数

温度/℃	a	b	R^2
20	0.1653	6.68	0.9154
60	0.1225	7.72	0.8912
100	0.0644	11.68	0.9002
140	0.0488	9.29	0.9121
180	0.1251	−1.81	0.9295

5.5.4　热损伤与能量耗散关系

在外加荷载或者材料所处环境变化的影响下，材料的细观缺陷（如微孔、微裂纹）变化引发材料本身或结构劣化，这就是材料的损伤。由于本试验对页岩试件进行了热处理，页岩试件物理性质发生变化。热处理后通过试件密度和纵波波速的测试，以这些基本物理性质的变化来表示温度给试件所造成的损伤。热损伤值的计算公式如下：

$$D = 1 - \frac{\rho_1 c_1^2}{\rho_0 c_0^2} \qquad (5-21)$$

式中　　ρ_0、c_0——岩石热处理前的密度与纵波波速；

　　　　ρ_1、c_1——热处理后岩石试件的密度与波速。

页岩试件进行了不同温度的热处理，试件受到了不同程度的热损伤。对含有不同热损伤程度的页岩试件运用SHPB试验系统进行了动态冲击压缩试验和巴西圆盘劈裂试验。由图5-24a可以看出，页岩试件在压缩破坏中耗散能量随着热损伤的增加有所减小。对比未进行热处理试件，热处理后试件压缩试验中耗散能要小很多，并且热处理后耗散能随热损伤值变化比较小，冲击气压较高时有随损伤值增大而上升的趋势。可能是在损伤值较小时，耗散能量更容易集中于发育主要裂纹，很少发育新裂纹；当热损伤较大时，试件内部微裂纹增多，更多能量用于发育这些裂纹，在较高冲击气压条件下，试件可以获得更多能量。

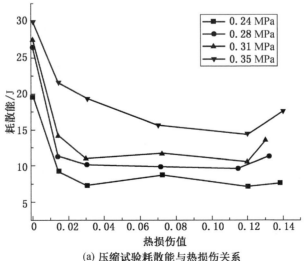

(a) 压缩试验耗散能与热损伤关系

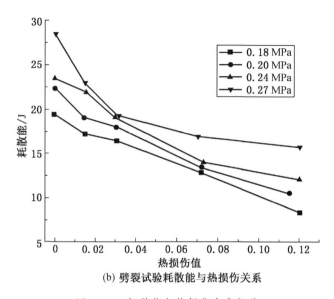

(b) 劈裂试验耗散能与热损伤关系

图 5-24　耗散能与热损伤变化规律

　　如图 5-24b 为巴西劈裂试验中热损伤值与耗散能量变化规律，页岩试件的耗散能量明显表现出随热损伤值增大而减小的规律。没有热损伤的试件弹性储能达到破坏试件表面的能量，产生裂纹后进一步发育扩张，最后导致破坏。热损伤试件沿已经存在的微裂纹进行发育，最后贯穿破坏，这个裂纹发育过程耗散的能量比产生裂纹消耗的能量低。随着热损伤增加微裂纹增多，耗散能量逐渐减少。

5.5.5　能量利用情况分析

　　如图 5-25 为页岩试件在不同温度条件下的比能量吸收值随入射能变化的情况。

　　可以看出，在试件受到冲击压缩和动态劈裂过程中，试件的比能量吸收值都随入射能的增大有增大而增大。页岩试件都在常温条件下表现出较高的能量吸收值，在压缩试验中，各温度条件下进行热处理的试件得到的比能量吸收值比较接近，而在劈裂过程中各温

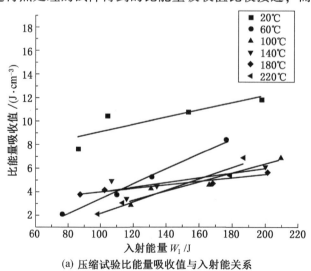

(a) 压缩试验比能量吸收值与入射能关系

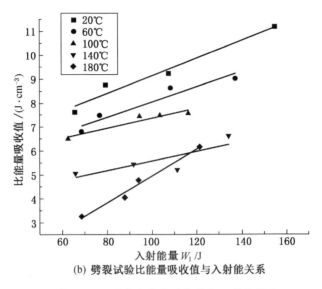

（b）劈裂试验比能量吸收值与入射能关系

图 5-25 页岩比能量吸收值与入射能关系

度条件下的比能量吸收值差距更为明显。可能是由于页岩在劈裂破坏过程中有一条贯穿试件的一条主裂纹，能量变化主要受这一条主裂纹影响；而压缩试验试件破坏模式较复杂，有多条裂纹，影响因素较多。在不同的温度条件比能量吸收值受入射能的影响的敏感程度也不同，但敏感程度与温度变化规律不明显，有很多的影响因素，如页岩试件本身内部构造、孔隙率以及试件内部颗粒的存在情况等。对两种试验的点进行直线拟合，拟合公式为：

$$\xi = b + aW_I \tag{5 - 22}$$

直线拟合参数见表 5-9。

表 5-9 直线拟合参数

试验方法	温度/℃	a	b	R^2
压缩试验	20	0.0305	6.05	0.8125
	60	0.0636	−2.97	0.9937
	100	0.0390	−1.43	0.9347
	140	0.0198	2.03	0.7362
	180	0.0147	2.52	0.9283
	220	0.0479	−2.61	0.9490
劈裂试验	20	0.0369	5.44	0.9617
	60	0.0313	4.90	0.9245
	100	0.0209	5.25	0.9063
	140	0.4949	3.55	0.8016
	180	0.0566	−0.71	0.9882

　　经过热处理的页岩试件在施加不同的冲击气压条件，得到如图 5-26 的能量耗散率与温度的变化关系。图 5-26a 为压缩试验中能量利用率与温度变化规律，可以看出随着热处理试件温度的升高，能量利用率出现了先减小后增长再减小的情况，热处理后试件的能量利用率都低于常温情况。在相同的温度下，随着冲击气压的加大，能量利用率也有一定程度降低。图 5-26b 为动态巴西劈裂试验中页岩试件能量耗散率与温度的变化关系。在劈裂试验中能量耗散率表现出随温度的升高而减小的趋势。同时也存在在相同温度情况下，能量耗散率随试验气压增大而减小的规律。并且无论压缩试验还是劈裂试验，页岩试件热处理温度越高，能量利用率随冲击气压改变程度越小，能量利用率变得很低且相互接近。

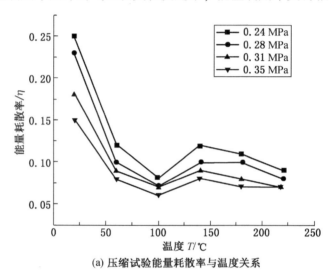

(a) 压缩试验能量耗散率与温度关系

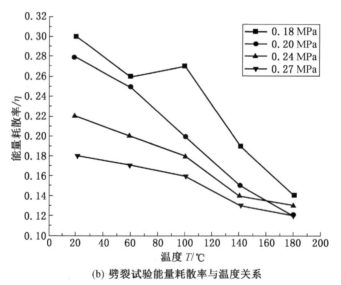

(b) 劈裂试验能量耗散率与温度关系

图 5-26　页岩能量耗散率与温度变化关系

6 围压条件下页岩在循环冲击荷载作用下的力学性能

页岩气赋存深度大，开采依赖于页岩气储层改造工艺技术，而储层改造技术的开展，需要对围压条件下页岩的力学性质深入探究。本章采用分离式霍普金森杆和被动围压套筒装置，研究了含层理页岩在不同围压条件下的冲击压缩力学性能。得到了无围压条件下和被动围压条件下页岩试件的应力-应变曲线，并通过定义能量吸收参量研究了被动围压条件下页岩循环冲击损伤的能量特性，研究了能量耗散与页岩试件损伤程度的关系，并对页岩试件动态疲劳门槛值的确定方法进行了讨论。

6.1 试验原理及实验方案

6.1.1 试验原理

本章采用被动围压套筒作为围压施加装置，在轴向加载过程中，岩石存在泊松效应，页岩试件会发生径向膨胀变形，由于套筒对试件径向位移的约束，使试件受被动围压作用，处于三向受压状态，被动围压下的页岩 SHPB 试验系统如图 6-1 所示，被动围压值的计算同 3.4.2 节中所述。

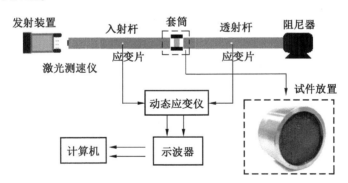

图 6-1 带有被动围压装置的 SHPB 试验系统示意图

6.1.2 试验方案

本章试验在中国矿业大学（北京）超高速试验室进行，试验所用 SHPB 试验系统中的杆直径为 50 mm，杆的密度 7900 kg/m³，弹性模量 210 GPa。被动围压套筒装置采用 45 钢制作，弹性模量 210 GPa，泊松比 0.269。套筒内径 50.2 mm，外径 58.2 mm，高 38 mm。在套筒中部位置对称布置两片环向应变片，以测量钢制套筒环向应变。为减少被动围压套筒装置机械加工误差对试验结果的影响，在试件环向涂抹机油作为耦合剂，机油具有难以压缩的特性，可以使应力波在极短的时间内均匀产生和传递被动围压。为防止应力波弥散，采用紫铜片作为波形整形器。

为研究围压条件下3种层理角度页岩试件累积损伤的变化规律，对每种层理角度页岩试件采用0.28 MPa、0.36 MPa和0.39 MPa冲击气压进行无围压和被动围压条件下的循环冲击压缩试验。每个层理角度同气压梯度下的冲击试验进行3次，对于每一个页岩试件，每次冲击循环试验的次数无限制，采用同一冲击气压梯度对页岩试件进行动态加载，直至试件破坏为止。

6.2 试验结果及分析

6.2.1 试验所得应力波形图

循环试验中所得的典型应力波形图如图6-2所示，可见应力波形起跳点基本吻合，说明应力波在入射杆中传播的稳定性，由此可见，随着冲击试验的进行透射波形曲线透射波峰值出现先增大后减小的趋势，说明应力波在页岩试件中的透射作用存在先增加后减小的趋势，说明在页岩试件内部存在两种现象，一是三向应力加载下的压密现象，页岩试件内部的裂隙趋于闭合，在加载前期使得页岩试件的完整性得到加强，使应力波在页岩试件内部的透射作用增强，因而其透射波峰值增加；二是随着页岩试件的劣化，页岩基质的连续性和完整性被削弱，页岩因损伤累积而趋于破坏，因此其承担荷载的能力也在减弱，使得其透射波峰值下降。

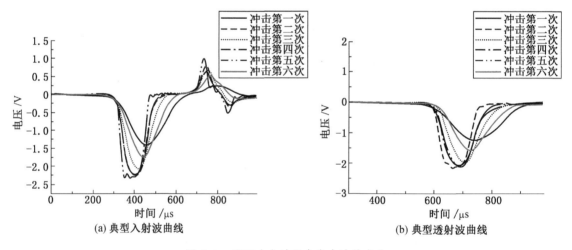

图6-2　循环冲击过程中应力波的变化

6.2.2 页岩在循环冲击荷载作用下的应力-应变曲线

页岩试件在无围压条件下，其应力-应变曲线可大致分为5个阶段：压密阶段、弹性阶段、弹塑性阶段、塑性段、破坏阶段。如图6-3中，应力-应变曲线初始阶段斜率逐渐加大，是岩石的压密阶段，此阶段岩石内部裂隙被压密，岩样的完整性得到加强；随后曲线近似为直线，为弹性阶段；在经历一个拐点后岩石进入弹塑性阶段，此阶段应力-应变曲线变得较缓，出现显著的损伤软化现象，随应变增加，应力增加的趋势逐渐变小，岩石内部出现塑性变形；经过峰值点后页岩试件进入塑性段，由塑性变形发展至岩石破坏，此间岩石随应变增加，应力逐渐减小。

在无围压条件下，页岩试件表现出显著的应变率强化效应，随着应变率的提高，页岩

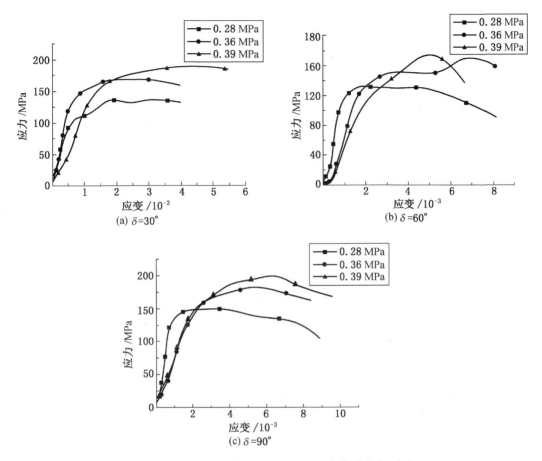

图 6-3 无围压下页岩在不同冲击气压下的典型应力-应变曲线

的抗压强度也随之提高；在高应变率下页岩表现出典型的延性特征，出现了显著的塑性平台段。

被动围压的加载作用使得页岩试件的完整性得到显著增强，这点在图 6-4 中有所体现。无围压试验中页岩试件在加载前期存在显著的弹性压密阶段，并且其线弹性段斜率有一定的离散性。被动围压试验则与之不同，由于围压的加载作用，页岩试件的离散性减弱，页岩试件表现出均质岩体的共同特征，其线弹性段斜率近乎吻合且无明显的弹性压密

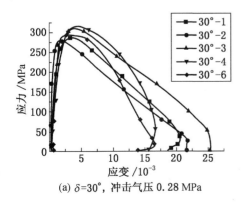

(a) δ=30°，冲击气压 0.28 MPa

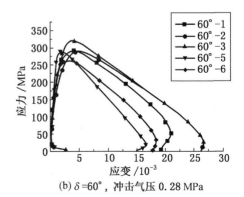

(b) δ=60°，冲击气压 0.28 MPa

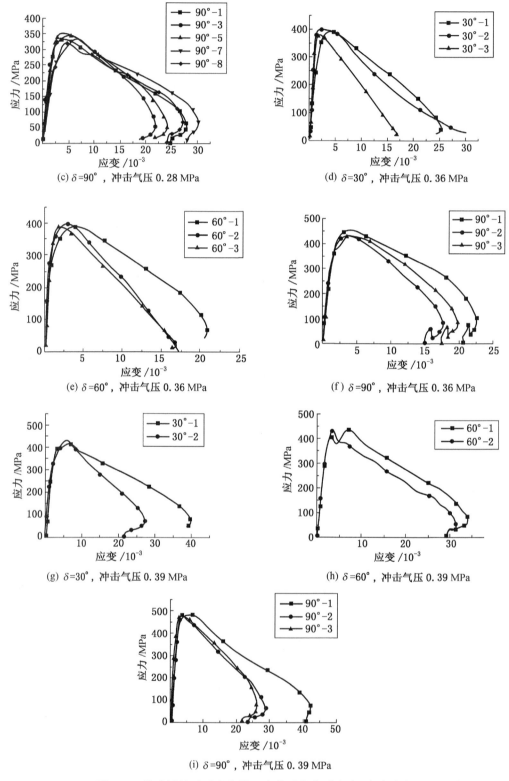

图 6-4 被动围压下页岩在循环冲击下的典型应力-应变曲线

阶段；同时，被动围压的存在抑制了页岩由层理弱面发生的张拉破坏，提高了页岩的抗压承载力，与无围压试验中页岩试件均发生破坏不同的是，被动围压试验中的页岩试件在第一次加载过后仍保持完整，体现出良好的延性特征，但由应力-应变曲线仍可看出，页岩试件出现显著的塑性变形，因此加载过程也无疑加剧了页岩试件内部的损伤。

在无围压和被动围压条件下，页岩试件峰值应力的变化具有显著的层理特征。从峰值应力上来看，层理角度90°层理的页岩试件应力值最高，而60°层理页岩试件应力值最小，这是由于90°层理页岩试件，其层理弱面与加载方向平行，力直接作用于页岩基质，基质刚度大，难以压缩，因此其应力值最大；结合莫尔-库仑准则可知，60°层理页岩试件的层理弱面靠近页岩的剪切破坏面，因此易发生沿弱面的剪切滑移破坏，因此其应力峰值最小。

在被动围压条件下，随着冲击次数的增加，页岩试件的峰值应力存在先增加后减小的趋势。类似于金属应变硬化的过程，在经过一定的塑性变形后，页岩试件内部组织会发生变化，页岩试件抵抗变形的能力会得到加强，因此使其峰值应力得到提高；随着循环冲击的继续进行，页岩试件进一步劣化，内部裂纹的发展降低了页岩试件传递荷载的能力和比例，因此造成峰值应变的减小。

6.2.3 循环冲击试验中的被动围压值分析

在循环荷载作用下，轴向变形既是内部裂隙发展的度量，也是内部裂隙闭合的度量，因而并不能确切地反映岩石损伤的发展状况，而环向变形受荷载条件影响较小，可以更好反映页岩试件损伤发展的情况。在本试验中，被动围压的产生是由于页岩试件发生环向变形挤压套筒所致，因而被动围压峰值的变化也反映了页岩损伤累积的情况。

图6-5为典型环向应力波时程曲线，图6-6为冲击次数与被动围压峰值的典型关系曲线。以90°页岩试件为例，随着冲击次数的增加，被动围压峰值也随之增加；随着循环冲击的继续进行，被动围压值不再继续增加，出现显著下降。这是由于被动围压峰值反映了页岩试件环向变形的程度、页岩试件损伤发展的情况，损伤累积的程度越高，环向变形的程度就越大，挤压套筒，使得被动围压增大。但是随着循环冲击的继续进行，页岩试件逐渐劣化，页岩基质由于裂纹扩展的原因不再趋于连续，传递荷载的能力逐渐减弱，故其泊松效应也在减弱，页岩试件环向变形的程度也随之降低。

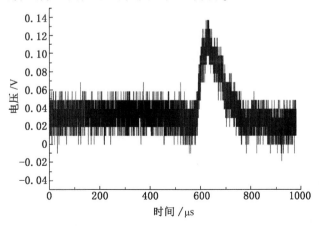

图6-5 典型环向应力波时程曲线

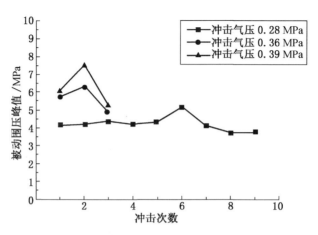

图6-6　不同冲击气压下页岩试件所受的被动围压峰值与冲击次数的关系

随着冲击气压的提高，试件发展至破坏所需要冲击次数呈梯度减少。葛修润通过大量试验证明，疲劳损伤的程度主要取决于应力的幅值差，而非施加荷载的频率，岩石疲劳损伤存在疲劳门槛值，当荷载小于或等于该疲劳门槛值时，岩石试件加载后不发生不可逆变形，岩石内部无损伤累积；而当荷载高于该疲劳门槛值时，试件内部会发生不可逆变形，岩石试件出现损伤累积直至破坏。由本试验结果可以发现，冲击荷载的大小与损伤发展呈正相关关系，冲击荷载越大，页岩试件的损伤累积程度就越高，因此必然存在一界限值，作为循环冲击荷载作用下的页岩疲劳损伤门槛值。因此在本试验中，随着冲击气压梯度的提高，加剧了页岩的损伤累积效应，因此被动围压值随着冲击气压梯度的增加也随之增加，也从客观角度反映了冲击荷载值的增加对页岩的损伤效应。

6.3　冲击试验中页岩试件的力学特征分析

6.3.1　被动围压下页岩的屈服强度和屈服应变分析

提取图6-3、图6-4中首次冲击曲线所对应的屈服强度与屈服应变，得到无围压与被动围压条件下屈服强度、屈服应变与冲击气压的关系曲线，如图6-7所示。

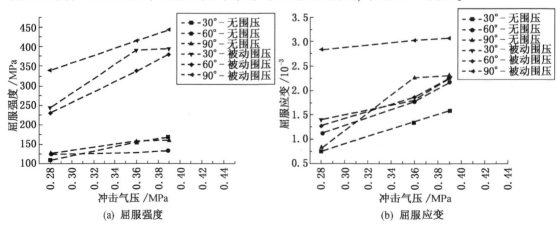

图6-7　不同冲击气压下页岩试件的屈服强度与屈服应变

可见与无围压条件下的冲击试验结果相比，被动围压的加载作用显著提高了页岩试件的塑性。在相同的冲击气压梯度下，与无围压条件下的试验结果相比，被动围压条件下页岩试件的屈服强度和屈服应变分别提高了 2.25～3.06 倍和 1.08～4.04 倍。其原因是在被动围压条件下，页岩受三向应力作用，页岩试件的完整性得到了提高，页岩基质的连续性增强，提高了页岩试件的弹性模量，因此使其屈服强度和屈服应变得到了提高。

同时由图 6-7 可以看出，在相同的冲击气压下，60°页岩试件最容易屈服，而 90°页岩试件最难发生屈服。其原因是 90°页岩试件在加载时，冲击荷载直接作用于页岩基质，基质刚度大，因此其动态弹性模量要大于其他层理角度页岩试件，所以不易发生屈服；由莫尔-库仑理论可知，60°页岩试件的层理弱面位置靠近页岩试件的破坏面，因此极易发生沿层理弱面的剪切滑移，所以其最容易发生屈服。

6.3.2　最大峰值应力分析

提取图 6-3、图 6-4 中页岩的最大峰值应力，建立冲击气压与最大峰值应力的内在联系，如图 6-8 所示。

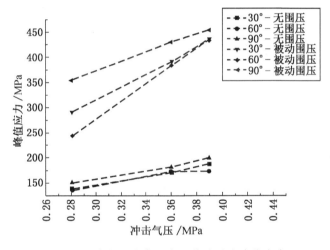

图 6-8　冲击试验中页岩试件的最大峰值应力

可以发现，无围压与被动围压条件下，页岩最大峰值应力随气压梯度的变化规律基本相同，近似呈线性规律。受层理角度的影响，最大峰值应力的关系为：90°最大，30°次之，60°最小。其原因是 90°页岩试件的加载方向与层理面方向平行，荷载直接作用在页岩基质，基质刚度大难以压缩，因此其强度显著高于 30°和 60°页岩试件；同时根据莫尔-库仑准则，60°页岩试件的层理弱面位置靠近剪切破坏面，易于发生沿层理弱面的剪切滑移，因此 60°页岩试件的最大峰值应力显著小于其余层理角度试件。同时最大峰值应力的差异性也反映了本试验所用的页岩具有显著的横观各向同性，层理角度对页岩试件的强度有显著影响。

分析图 6-8 可以发现，在相同层理角度和相同冲击气压下，被动围压条件下的页岩试件最大峰值应力为无围压条件下的 2.2～2.7 倍。这是由于页岩内部存在广泛分布的裂隙，在无围压条件下，倾角大于内摩擦角的裂隙没有任何承载能力；而当围压条件存在时，由于被动围压的加载作用，使页岩试件处于三向应力下，内部裂隙发生闭合，由于受压裂纹面间的摩擦作用，提高了裂隙的承载能力，避免了沿弱面发生的剪切滑移破坏，提高了页岩试件的强度。

6.3.3　冲击过程中页岩的峰值应力变化

提取图 6-4 中各次循环冲击加载后页岩的峰值应力，建立循环冲击次数与峰值应力的内在联系，如图 6-9 所示。可见页岩试件峰值应力变化的规律出现了两种模式：在冲击气压梯度较低时，页岩试件的峰值应力呈现出先增大后减小的趋势；而当冲击气压提高时，页岩试件的峰值应力则呈递减趋势，其原因与页岩的损伤发展有关。

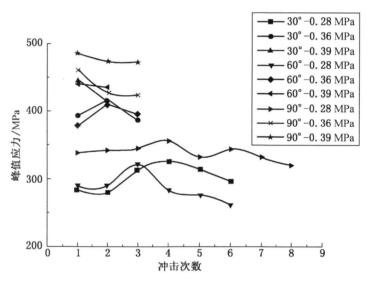

图 6-9　循环冲击试验中典型页岩试件的峰值应力变化

当冲击气压较低时，在循环冲击试验的前期，由于页岩所受三向应力的压缩作用，使得页岩试件内部在出现微裂隙扩展的同时也伴随着原生裂隙的闭合。但在冲击荷载较小的情况下，页岩试件的损伤发展较慢，此时页岩试件内部以压密为主，增强了页岩的完整性，提高了页岩试件的波阻抗，使应力波的透射作用增强，因此使其峰值应力得到提高；但随着循环冲击试验的继续进行，由于损伤累积的原因，页岩试件内部裂纹持续扩展，页岩试件逐渐劣化，页岩试件的完整性和密实性减弱，降低了页岩试件的波阻抗，使页岩试件的峰值应力逐渐降低，低冲击荷载下的页岩试件破坏过程与金属的加工硬化过程类似，虽然循环冲击荷载和被动围压的加载作用提高了页岩试件的强度和硬度，但同时降低了页岩试件的塑性，页岩试件抵抗塑性变形的能力持续降低，脆性逐渐增强直至页岩发生脆性破坏。

当冲击气压梯度提高时，页岩试件的损伤累积较快，损伤发展迅速，页岩试件迅速劣化，造成页岩试件峰值应力的持续降低。

6.4　冲击荷载作用下页岩的损伤累积效应

6.4.1　基于超声波纵波声速的损伤变量 D

如何对损伤变量 D 进行定义，如何量化的表达损伤变量 D，一直是一个极具争议的问题，是损伤力学发展中的一个重要课题。被动围压条件的存在使页岩试件处于三向受压状态，裂纹的扩展受到压力条件的影响，由于试件内部绝大多数受压裂纹都是闭合裂纹，裂纹之间的物质具有不可入性，使得裂纹面只能产生相对滑动；同时由于裂纹面之间存在摩擦作用，使得裂纹难以进一步扩展。因此，在本试验所设置的冲击气压梯度下，循环冲击试验初期页岩试件并未发生破坏，但加载后仍不可避免地加剧了页岩试件的损伤程度。由惠更斯原理可知，声波在岩体内部传播时会在结构面发生反射、折射和绕射现象，使声波速度降低，由超声波纵波波速的变化可以定量反映岩石试件损伤积累的程度，超声测速仪如图6-10所示。

图6-10　超声测速仪

本节中利用下式计算页岩试件在循环冲击载荷作用后的损伤情况：

$$D = 1 - \left(\frac{v}{v_0}\right)^2 \tag{6-1}$$

式中　v_0、v——加载前、后的超声波纵波波速。

D值等于1时代表试件完全破坏；D值为0时，说明试件没有损伤。用不同冲击气压对试件进行循环冲击加载，每次加载后，用超声波波速测定仪测试页岩试件纵波波速，因篇幅所限，仅给出部分页岩试件在冲击气压0.39 MPa下的纵波声速测量结果，见表6-1。

表6-1　部分页岩试件声波损伤测量结果

试件编号	冲击气压/MPa	$v_0/(\text{m} \cdot \text{s}^{-1})$	D_1	D_2	D_3
ED-30-7	0.39	4032.258	0.104015	1	
ED-30-8	0.39	3968.254	0.144171	1	
ED-30-9	0.39	3980.892	0.121444	1	
ED-60-7	0.39	3906.25	0.152011	1	
ED-60-8	0.39	3822.63	0.114505	1	
ED-60-9	0.39	3930.818	0.098917	1	
ED-90-7	0.39	3937.008	0.045621	1	
ED-90-8	0.39	3858.025	0.0784	0.050474	1
ED-90-9	0.39	4000	0.031248	0.968752	1

由声波试验所测得的损伤变量结果可知，对于含层理页岩试件，在第一次冲击作用

后，页岩试件发生显著损伤，而随着循环冲击试验的继续进行，由纵波声速确定的损伤变量并不能很好反映页岩试件损伤积累的程度，甚至出现损伤变量减小的情况。这是由于在第一次冲击荷载作用后，页岩试件内部裂隙发育，裂隙张开，使超声波发生折射、反射和绕射现象，使纵波波速降低，因而可以由纵波波速对损伤变量进行定义。但随着冲击试验的继续进行，在产生新生裂隙的同时，也伴随原裂隙的闭合，所以声速测量结果并不能明确反映页岩试件损伤积累的情况；且对于含层理页岩试件，由破坏后的试件形态来看，页岩在三向应力作用下破坏形式主要集中在沿弱面的剪切滑移破坏。层理面作为页岩试件的原生缺陷，发生剪切滑移后对声速的测量结果影响也不明显。

6.4.2　基于弹性模量变化的损伤变量 D

为进一步探究被动围压条件下循环冲击试验中页岩的损伤发展规律，定义损伤变量 D 为：

$$D = 1 - \frac{E_n}{E_1} \tag{6-2}$$

式中　E_n——第 n 次冲击试验时页岩的弹性模量，由于本章试验中页岩无明显压密阶段，峰前具有显著的弹性特征，故以下式计算其弹性模量：

$$E = \frac{\sigma_2 - \sigma_1}{\varepsilon_2 - \varepsilon_1} \tag{6-3}$$

式中　　　　σ——轴向应力；

　　　　　　ε——轴向应变；

下标 1、2——应力-应变曲线峰值 40% 和 60% 的两个点。

由于页岩试件在 0.36 MPa 与 0.39 MPa 冲击气压下损伤发展较快，由本节计算方式所获得的有效数据点最多只有一个，参考意义不大，因此仅给出 0.28 MPa 下的页岩的损伤发展曲线，如图 6-11 所示。

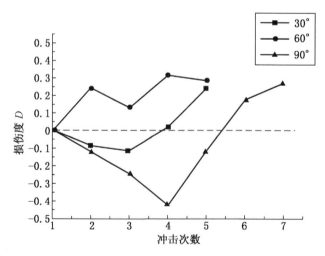

图 6-11　循环冲击试验中典型页岩试件的损伤变化曲线

由图 6-11 可以看出，不同层理页岩试件出现不同的损伤演化规律，30°、90°页岩试件在循环冲击的前半段由于冲击荷载的压密作用出现损伤度的负增长，而后由于页岩内部裂纹的持续扩展和贯通，使其损伤累积开始加速，并使得损伤度迅速向正向发展；60°页岩试件从加载初期就开始正向增长，这是因为60°页岩试件的破坏面接近页岩层理弱面，因此在冲击的前期易于发生沿层理弱面的剪切滑移，因此其损伤度在前期就发生较快增长，而当滑移稳定时，试件受冲击荷载的压密作用，因此其损伤度出现了减小；但由于裂纹持续扩展的原因，试件的损伤持续发展，使得损伤度不断增加。

6.5 对于损伤阈值的讨论

在本章试验中，可以发现随着冲击气压的提高，试件发展至破坏所需要的冲击次数呈梯度减少。葛修润院士通过大量岩石静态试验证明，疲劳损伤的程度主要取决于应力的幅值差，而非施加荷载的频率，岩石疲劳损伤存在疲劳门槛值。当荷载小于或等于该疲劳门槛值时，岩石试件加载后不发生不可逆变形，岩石内部无损伤累积；而当荷载高于该疲劳门槛值时，试件内部会发生不可逆变形，岩石试件出现损伤累积直至破坏。

与轴向变形相比，岩石试件在受载时的环向变形对岩石试件的损伤发展更具代表性，因此可由环向变形的程度来研究页岩试件在高应变率下的损伤阈值。由本试验结果可以发现，冲击荷载的大小与损伤发展呈正相关关系，冲击荷载越大，页岩试件的损伤累积程度就越高，损伤发展的速度就越快，因此必然存在一明确界限值，作为循环冲击荷载作用下的页岩疲劳损伤门槛值。目前对于疲劳门槛值的研究多集中于静态试验，在高应变率下却鲜有涉猎。而在高应变率下，岩石破坏的模式有准静态加载下的沿晶断裂转为穿晶断裂和沿晶断裂耦合的模式，裂纹扩展所需的能量更多，岩石强度也随应变率的提高而存在显著的应变率效应，并且在静载作用下，岩石内部微元体不表现出黏性特征，当应变率达到一定值时，微元体表现出显著的黏性特征。因此，由静态试验所确定的疲劳门槛值，不能再继续作为高应变率下岩石疲劳损伤的界限值。本节以下内容对如何确定高应变率下页岩试件动态疲劳门槛值的问题展开讨论。

由本章中被动围压值的变化规律可以看出，随着冲击气压的提高，试件所受的被动围压峰值也随之提高，说明冲击气压的提高增大了页岩试件的环向变形程度，加剧了页岩试件的损伤累积。本章试验中，在试件与套筒之间涂抹了机油作为传递围压的介质，保证了被动围压均匀产生并均匀传递，因此不再考虑套筒与试件之间机械配合的误差，可以认为在理想条件下，当冲击荷载小于或等于页岩试件动态疲劳门槛值时，页岩试件只会发生可恢复的线弹性变形。因此，在相同冲击荷载下试件的环向变形程度都应当是相近的，只有当冲击荷载大于页岩动态疲劳门槛值时，页岩试件才会出现损伤累积效应，此时试件内部不仅出现可恢复的弹性变形，还存在伴随页岩损伤所出现的不可逆变形，必然会使试件环向应变峰值趋于离散。此时应当注意的是，由于循环冲击的进行，在循环荷载加载的后期，由于岩石劣化而使岩石变形所出现的离散不应考虑在内。结合本试验结果可以发现，随着冲击气压的提高，环向变形离散的程度也随之提高，因此在冲击荷载与环向变形离散程度之间，可能存在正相关的函数关系，因此可通过试验数据拟合曲线的方式得到冲击荷载与环向应变离散度之间的函数关系，进而得到离散度为0时的冲击荷载值，即为页岩试件在高应变率下的动态疲劳门槛值。因本章试验条件限制，并未对页岩试件动态疲劳门槛值做进一步研究，仅以讨论的形式给出确定动态疲劳门槛值的方法，以期日后作进一步的研究与验证之用。

6.6　冲击试验中页岩试件的破坏模式

典型页岩试件在冲击荷载循环作用下的破坏形态，如图6-12、图6-13所示。可以发现此时出现两种破坏形态。与无围压条件下的径向拉伸破坏不同的是，被动围压下的页岩试件破坏形式转变为压剪破坏。在循环冲击试验中，当冲击荷载较低时，破坏面主要沿层理弱面展开；而当冲击荷载较高时，页岩试件的破坏面不仅沿层理弱面开展，还受剪切面影响，出现与层理弱面不同位置的破坏面。同时可以发现，30°页岩试件在破坏过程中受剪切应力作用面和层理弱面的共同影响；60°页岩试件由于层理弱面与剪切面相近，因此受层理弱面的影响较大；而90°页岩试件由于层理弱面与加载面平行，荷载主要作用在页岩基质上，这与拉杆失稳的形式类似，主要发生沿层理弱面的张拉破坏。与无围压条件下页岩试件的破坏形态相比，被动围压条件的加载作用显著，防止了页岩试件的径向拉伸破坏，使其碎块显著少于无围压条件下的页岩试件。

(a) 30°　　　　　　　　(b) 60°　　　　　　　　(c) 90°

图6-12　无围压条件下页岩试件的典型破坏形态

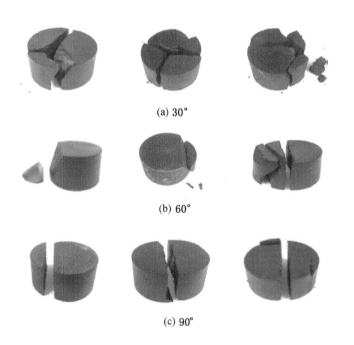

(a) 30°

(b) 60°

(c) 90°

图6-13　被动围压下页岩试件在不同冲击气压下的典型破坏形态

7 基于统计分布的页岩动态损伤本构模型

页岩气的开发深度依赖页岩气储层改造技术,在压裂技术实施前,通常需要依靠现代计算机科学技术对压裂作业进行模拟,合理选择页岩在动载下的本构模型对压裂模拟的合理性至关重要。

对岩石在动载作用下的本构模型的研究,主要集中在两个角度:一是从能量角度建立动态本构模型;二是通过对试验数据的拟合,得到相应的经验公式。上述两种方式各有优缺点,从能量角度出发可以从微观机制上描述岩石在动载作用下的变形特征,但也存在所需确定参数过多的问题,而受限于现今试验技术,经验公式的拟合也存在较大的局限性。诸多国内外学者对此进行了积极的探索和研究,得到了许多建设性成果。

木下重教等提出了过应力模型,采用 Bingham 模型描述了岩石在动载下的力学特性[106]。于亚伦等对过应力模型进行了修正,给出了具有确定意义的过应力模型参数,但过应力模型不能反映弹性模量随应变率变化的变化特征。

郑永来等在黏弹性本构模型中引入损伤变量,通过多个 Maxwell 体的并联良好反映了不同应变率下岩石强度和弹性模量的变化,但该本构模型存在参数过多的缺点。

单仁亮等提出了岩石动态破坏时效损伤模型,将岩石看作由损伤体和粘缸组成的并联体,损伤体强度服从两参数的 Weibull 分布,并通过 SHPB 试验验证了该本构模型的合理性。刘军忠等在时效损伤模型中引入 Drucker-Prager 破坏准则作为岩石微元的强度,并将模型计算结果与实际试验结果相对比,证明了模型的合理性和准确性。

本章认为引入 D-P 准则的时效损伤模型,可以真实反映岩石在动载下的本构特征,因此在此基础上对页岩在动载下的本构关系进行相应的验证。由于在页岩气开发过程中,射孔作业后,射孔区岩体处于单向卸载状态,因此其受力状态更接近于本章试验所设置的侧限条件。在其压裂过程中受周边岩体的被动围压作用,因此与实验室试验过程中设置的固定围压梯度不同的是,压裂岩体在侧限状态下受变围压作用,以及由于挤压周边岩体而受被动围压作用,被动围压的大小由挤压程度确定。本章由被动围压套筒装置的环向应变得到了页岩试件所受的围压时程曲线,因此可以由实测数据引入页岩的时效损伤模型中进行计算和验证,对页岩试件在变围压条件下的动态损伤统计本构模型进行验证。

7.1 基于 Weibull 概率分布的页岩动态损伤统计本构模型

7.1.1 页岩动态损伤统计本构模型

在进行动态损伤本构模型的建立之前,需对损伤本构模型中损伤假设条件进行基本定义。而基于损伤理论对损伤岩体的力学状态进行研究,最重要的就是定义岩石的损伤变量 D。当 $D=0$ 时,认为岩石处在无损状态;而当 $D=1$ 时,则认为岩石已经发生破坏。基于有效应力原理和应变等价原理进行如下假设,在岩石试件受荷时,岩石损伤部分不承担荷载,只由未损伤的部分承担荷载,损伤材料的应变等价于有效应力作用在无损材料上引起

的应变, 有:

$$\varepsilon = \frac{\sigma}{E'} = \frac{\sigma'}{E} = \frac{\sigma}{(1-D)E} \qquad (7-1)$$

假定页岩是由若干含有缺陷的微元体构成的, 微元体存在如下性质: 其尺寸相对足够大, 容得下很多损伤; 同时又可以微小到由一个质点来表示。在这种假设下, 保证了连续介质的理论在动态损伤本构模型之中的适用性, 保证了数学推导的合理性。同时对微元体做出如下力学假设:

(1) 在准动态加载中, 不考虑惯性效应对本构模型的影响。

(2) 微元体在宏观上表现出各向同性, 其内部损伤也具有这一特点。

(3) 岩石微元在破坏后不再具有承载能力; 岩石微元在损伤前是黏弹性体。

(4) 应变率较低时, 微元体不体现黏性特征; 而当应变率较高时则体现出黏性特征。

(5) 微元体的强度 F 服从两参数 (m, F_0) 的 Weibull 概率分布, 其强度为 F 时的破坏概率 $P(F)$ 为:

$$P(F) = \frac{m}{F_0}\left(\frac{F}{F_0}\right)^{m-1} \exp\left[-\left(\frac{F}{F_0}\right)^m\right] \qquad (7-2)$$

式中　m——反映页岩的脆性的指标;

　　　F_0——页岩的宏观平均强度参量;

　　　F——微元强度的参量。

在加载过程中, 岩石变形的过程本质上是岩石内部损伤发展累积的过程。由于损伤发展的无序性, 使得岩石的应力-应变曲线在弹性段后脱离线性。基于上述假设, 认为页岩的损伤是由微元体的破坏而引起的, 因此可以定义损伤变量 D 为破坏微元数 N_t 与总微元数 N 的比值, 有:

$$D = \frac{N_t}{N} \qquad (7-3)$$

由于荷载的幅值不同, 使得页岩内部微元体的破坏存在显著的随机性, 因此微元体的破坏概率与页岩的应力状态关系密切。若页岩微元的强度分布参量与其应力状态密切相关, 则由其定义的损伤变量 D 就可以较好地反映其随应力状态变化而变化的特点。则由式 (7-2), 对页岩微元的破坏概率 $P(F)$ 积分, 可得损伤变量 D 为:

$$D = \int_{-\infty}^{F} P(x)\,\mathrm{d}x \qquad (7-4)$$

因此在任意应力区间 $[F, F+\mathrm{d}f]$ 内, 已发生破坏的页岩微元数目 N_t 为:

$$N_t(F) = \int_0^F N P(x)\,\mathrm{d}x \qquad (7-5)$$

联立上式, 可得由页岩微元体强度定义的损伤变量 D 为:

$$D = \frac{N_t(F)}{N} = 1 - \exp\left[-\left(\frac{F}{F_0}\right)^m\right] \qquad (7-6)$$

由上述微元体的力学假设, 认为页岩微元是具有黏性特征的黏弹性体, 在应变率较低时表现为线弹性体, 而随着应变率的升高, 表现出黏性体的特征。因此可假设页岩试件是由损伤体和黏缸并联的组合体, 如图 7-1 所示。

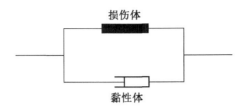

图 7-1　页岩动态损伤本构模型

由著名学者 Lemaitre 提出的应变等效原理，可以认为无损页岩试件在受有效应力作用时所产生的应变，与损伤页岩试件所受应力时产生的应变相等，因此可得页岩的损伤本构模型的基本关系式为：

$$\boldsymbol{\sigma}^* = \frac{\boldsymbol{\sigma}}{1-D} = \frac{\boldsymbol{C}\boldsymbol{\varepsilon}}{1-D} \tag{7-7}$$

式中　$\boldsymbol{\sigma}^*$——有效应力矢量；

　　　$\boldsymbol{\sigma}$——名义应力矢量；

　　　$\boldsymbol{C}$——材料弹性矩阵；

　　　$\boldsymbol{\varepsilon}$——应变矢量；

　　　D——损伤变量。

在以上损伤动态本构模型的推导过程中，如何用合适的 F 来表征页岩微元体的强度是一个重要问题。F 应较好地表现页岩微元体的应力-应变状态，Drucker-Prager 破坏准则不仅考虑静水压力的作用，而且考虑了 σ_2 的影响。本章以岩石破坏准则 $f(\sigma)$ 作为页岩微元强度变化分布变量，基于 Drucker-Prager 破坏准则，可得页岩微元强度为：

$$\left. \begin{aligned} F^* &= k = f(\sigma^*) = \alpha I_1^* + \sqrt{J_2^*} \\ \alpha &= \frac{\sin\varphi}{\sqrt{9+\sin^2\varphi}} \\ I_1^* &= \frac{(\sigma_1+2\sigma_3)E\varepsilon_1}{\sigma_1-2\mu\sigma_3} \\ \sqrt{J_2^*} &= \frac{(\sigma_1-\sigma_3)E\varepsilon_1}{\sqrt{3}(\sigma_1-2\mu\sigma_3)} \end{aligned} \right\} \tag{7-8}$$

式中　　φ——页岩内摩擦角，由试验数据，本章所用层理角度的页岩试件内摩擦角为 30°；

　　　I_1^*——应力张量第一不变量；

　　　$\sqrt{J_2^*}$——应力偏量第二不变量；

　　　E——无损页岩的弹性模量。

由并连体的并联关系可知，在主应力 σ_1 作用方向 z 上，线弹性体的应变 ε_{z1} 等于黏弹性体的应变 ε_{z2}，而在主应力方向上的应力 σ_1 为线弹性体的应力 σ_{z1} 与黏弹性体的应力 σ_{z2} 之和：

$$\left.\begin{array}{c} \varepsilon_1 = \varepsilon_{z1} = \varepsilon_{z2} \\[4pt] \sigma_1 = \sigma_{z1} + \sigma_{z2} \\[4pt] \sigma_{z1} = E\varepsilon_1(1 - D) + 2\mu\sigma_3 \\[4pt] \sigma_{z2} = \eta \dfrac{\mathrm{d}\varepsilon_1}{\mathrm{d}t} \end{array}\right\} \qquad (7-9)$$

式中　　η——页岩黏滞系数；

　　　　μ——页岩泊松比；

　　　　ε_1——主应变；

　　　　σ_3——围压值。

因本书试验所用围压为环向围压，有 $\sigma_3 = \sigma_2$。因此可建立页岩动态损伤本构模型为：

$$\sigma_1 = E\varepsilon_1(1 - D) + 2\mu\sigma_3 + \eta \frac{\mathrm{d}\varepsilon_1}{\mathrm{d}t} = E\varepsilon_1 \exp\left[-\left(\frac{F}{F_0}\right)^m\right] + 2\mu\sigma_3 + \eta\dot{\varepsilon} \quad (7-10)$$

7.1.2　本构模型参数的确定

在上式中，由于本章是变围压条件，因此围压 σ_3、应变率 $\dot{\varepsilon}$ 与应变 ε_1 需要代入实际试验结果进行计算验证。

在式（7-10）中，需确定 6 个参数，即 E、α、μ、η、F_0 和 m。一般条件下，E 与冲击试验中岩石应力-应变曲线的初始斜率相近；α 为与页岩内摩擦角相关的参数，μ 为页岩泊松比，本书层理角度下的龙马溪组页岩内摩擦角为 30°，泊松比为 0.234；η 的取值区间在 0.1~0.5；F_0 与 m 为 Weibull 分布参数，由岩石试验得到的应力-应变曲线拟合得到。由式（7-10）变形可得：

$$\frac{\sigma_1 - 2\mu\sigma_3 - \eta \dfrac{\mathrm{d}\varepsilon_1}{\mathrm{d}t}}{E\varepsilon_1} = \exp\left[-\left(\frac{\alpha I_1 + J_2^{\frac{1}{2}}}{F_0}\right)^m\right] \qquad (7-11)$$

对上式取两次对数，可得：

$$\ln\left[-\ln\left(\frac{\sigma_1 - 2\mu\sigma_3 - \eta \dfrac{\mathrm{d}\varepsilon_1}{\mathrm{d}t}}{E\varepsilon_1}\right)\right] = \ln(F_0^{-m}) + m\ln k \qquad (7-12)$$

对上式进行线性回归分析，即可得到参数 m 和 F_0：

$$\left.\begin{array}{c} y = \ln\left[-\ln\left(\dfrac{\sigma_1 - 2\mu\sigma_3 - \eta \dfrac{\mathrm{d}\varepsilon_1}{\mathrm{d}t}}{E\varepsilon_1}\right)\right] \\[18pt] y = b + mx \\[4pt] x = \ln k \\[4pt] b = \ln(F_0^{-m}) \end{array}\right\} \qquad (7-13)$$

7.2　页岩动态损伤本构模型的验证

7.2.1　无围压试验中页岩动态损伤本构模型的验证

将式（7-8）中参数代入式（7-11），即可求得页岩试件在不同应变率下的动态损伤统计本构模型。为验证模型的准确性，将本构模型与 SHPB 试验所得应力-应变曲线进行比较分析，如图 7-2 所示。可见本构模型计算结果与真实试验结果虽然存在一定的误差，但曲线的发展趋势均与实际试验结果相吻合。本书无围压试验中，页岩试件体现出显著的应变率效应，页岩试件动态抗压强度随应变率的提高而提高，本构关系曲线也体现了这一特征。

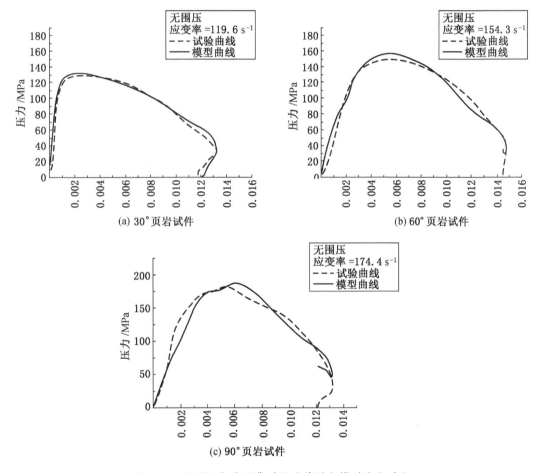

图 7-2　无围压条件下典型试验结果与模型曲线对比

7.2.2　被动围压试验中页岩动态损伤本构模型的验证

在被动围压条件下，本构关系曲线与实际试验曲线也基本一致（图 7-3），验证了基于 Weibull 分布的岩石动态损伤统计本构模型，在变围压条件下具有良好的参考性与合理性，可以较好模拟出页岩受载过程中的全应力-应变曲线，具有良好的工程意义。

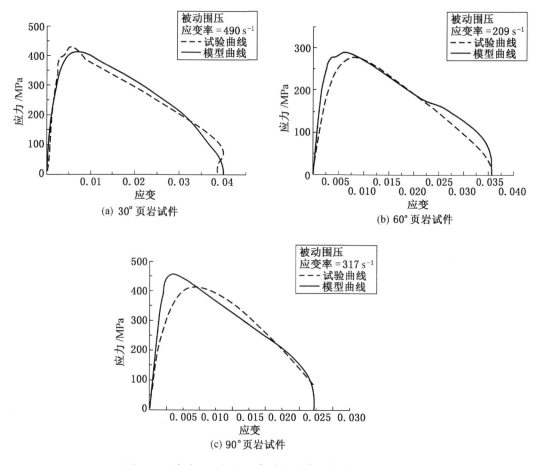

图7-3　被动围压条件下典型试验结果与模型曲线对比

7.3　循环冲击过程中模型参数的变化

7.3.1　本构模型参数对本构关系曲线的影响

由本章第7.1节中对各参数的定义可知，E 表示了无损页岩试件的初始弹性模量，反映了页岩试件的线弹性特征。在试验中，设置 E 和 m 为定值，调整 F_0，曲线变化趋势如图7-4所示。可见调整 F_0 参数时，页岩试件应力-应变曲线的应力峰值随之增大而增大，因此 F_0 参数影响页岩试件的应力峰值；设置 F_0 与 E 为定值，调整参数 m 值，其对页岩试件应力-应变曲线的影响如图7-4b所示，可见 m 参数影响页岩试件应力-应变曲线的集中程度，当 m 参数提高时，页岩试件的峰后曲线随之变得越来越陡，页岩试件在峰后的应力跌落现象愈发明显，即页岩试件的脆性愈发明显；而当 m 参数减少时，页岩的峰后曲线随之变缓。因此可知，m 参数反映了页岩试件的脆性程度，m 参数越大，页岩试件的脆性越强；m 参数越小，页岩试件的脆性越弱。

7.3.2　循环冲击过程中页岩本构模型参数的变化规律

在被动围压下的循环冲击过程中，基于 Weibull 分布的动态损伤统计本构模型与实际试验结果具有良好的适用性和准确度，这在7.2.2节中的拟合曲线与实际试验所获得的应

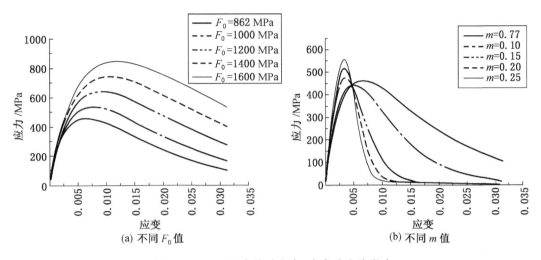

图 7-4　Weibull 参数对应力-应变曲线的影响

力-应变曲线的对比可以看出,基于 Weibull 分布的动态损伤统计本构模型不仅适用于无围压条件下的冲击试验,也适用于变围压条件下的冲击试验中。同时,由 7.3.1 节中对本构模型参数与页岩本构关系的曲线进行的讨论中可知,本构模型参数一定程度上反映了页岩试件的强度和脆性特征,因此本小节就循环冲击试验中页岩试件的本构模型参数的变化,以及变化后的页岩应变硬化和损伤软化特征进行研究和分析。

以在冲击气压为 0.28 MPa、0.39 MPa 下的页岩试件的 Weibull 分布参数 F_0、m 值为例,得到循环冲击过程中的 m、F_0 变化曲线,分别如图 7-5、图 7-6 所示。

可见在低气压下,不同层理角度页岩试件的 m 参数值均存在先增加后减小的规律,而在高气压下,不同层理角度页岩试件的 m 参数值则一直增加至破坏。由 7.3.1 节的分析可知,m 参数反映了本构关系曲线的集中程度,也一定程度上反映了页岩试件的脆性程度,这说明加工硬化现象的存在。单次冲击后,页岩试件内部出现了不可逆的塑性变形,提高了页岩试件抵抗弹性变形的能力,但同时也降低了页岩试件抵抗塑性变形的能力,使页岩试件脆性增加,因而在冲击过程中页岩试件的 m 参数值趋于增加,而随着损伤软化现象的

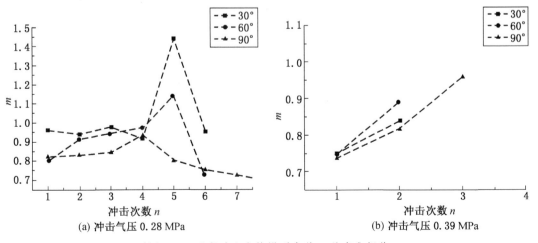

图 7-5　页岩动态本构模型参数 m 的变化规律

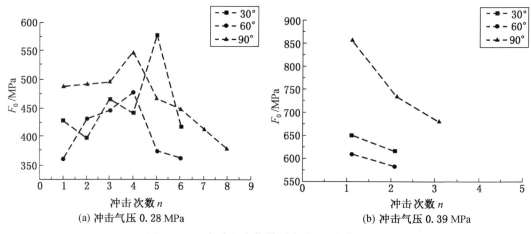

图 7-6　页岩动态本构模型参数 F_0 的变化规律

发生，页岩试件逐渐劣化，承担荷载的能力逐渐降低，因此其承担变形的能力也逐渐降低，因此其 m 参数值出现显著下降；当冲击气压较高时，m 参数一直呈增加趋势，说明页岩试件的脆性持续增加。

对于另一重要参数 F_0，由上小节可知，其与本构关系曲线的应力峰值正相关，因此体现了在冲击过程中峰值应力的变化，如图 7-6 所示，在冲击气压较低时，F_0 值存在先增大后减小的现象，而当冲击气压较高时，F_0 则呈递减态势，说明随着损伤软化现象的发生，页岩微元体的承载能力逐渐降低，使得本构关系曲线的应力峰值降低。

8 页岩破碎块度的能量分析和分形特征

页岩是沉积岩，作为一种非均质的自然材料，受地质构造的影响，页岩在形成过程中，内部存在大量的微裂隙、层理等自然缺陷。页岩的变形、破坏长期以来是学术界和工程界重点关注的研究方向。从能量角度对页岩的变形、破坏规律进行分析，建立页岩破坏与能量变化的关系，可以更加准确地认识页岩变形、破坏的本质。本章通过对不同层理页岩在动态冲击荷载作用下的能耗分析，探讨不同层理页岩破碎能耗特征的差异与应变率效应，从而得到页岩破碎能耗的规律，并用平均破碎块度和分形维数对页岩试样破坏后的块体分布进行了定量分析。这对于页岩气开采过程中有效控制能量和裂纹扩展具有理论意义，从而为实际工程提供科学合理的指导。

8.1 SHPB 试验系统能量分析原理

利用霍普金森杆试验系统，对岩石进行动态冲击，从开始加载到试件破坏的过程中，入射波、反射波、透射波所携带的能量分别为 W_I、W_R、W_T，其计算公式如下：

$$W_I = A_0 C_0 E_0 \int_0^\tau \varepsilon_I^2 \mathrm{d}t \tag{8-1}$$

$$W_R = A_0 C_0 E_0 \int_0^\tau \varepsilon_R^2 \mathrm{d}t \tag{8-2}$$

$$W_T = A_0 C_0 E_0 \int_0^\tau \varepsilon_T^2 \mathrm{d}t \tag{8-3}$$

式中，A_0、C_0、E_0 分别为压杆的截面面积、应力波波速和弹性模量。

在试验中，试件的两个端面均涂抹凡士林（润滑剂），所以在进行能量分析时，不考虑试验加载过程中试件与入射杆和透射杆接触端面间摩擦力所造成的能量耗散。

试件在试验中耗散的能量可由式（8-4）计算，

$$W_L = W_I - W_R - W_T \tag{8-4}$$

W_L 主要可分为 3 个部分：断裂耗散能 W_F，这部分能量主要用于裂纹损伤形成扩展、断裂面形成；试件碎片弹射的动能 W_K；其他形式的能量耗散能 W_O，如声能、辐射能。在加载速率不是特别高的情况下，W_O 非常小，可忽略不计；试件碎片飞出的动能约占 W_L 的 5%，本试验分析忽略试样碎片飞出动能 W_K 对试件耗散能的影响。

8.2 页岩动态压缩能量耗散规律

根据霍普金森杆试验原理得到的能量计算公式和试验已经得到的应力波数据，计算试验中试样的入射能、反射能、透射能和试样破裂消耗的能量，并对试验数据进行处理，得到不同能量的统计结果，见表8-1、表8-2。

表 8-1　平行层理加载的破碎能耗计算结果

编号	应变率/s^{-1}	入射能/J	反射能/J	透射能/J	耗散能/J
P-1	108.43	305.13	30.40	233.76	40.97
P-2	110.56	163.06	39.29	92.04	31.73
P-3	112.41	216.09	48.15	119.12	48.82
P-4	121.49	211.11	53.64	107.08	50.39
P-5	129.44	332.83	48.95	204.78	79.10
P-6	131.01	217.52	50.63	134.16	32.73
P-7	144.85	204.74	76.06	90.71	37.97
P-8	145.22	323.58	67.09	195.26	61.23
P-9	145.27	216.66	73.59	93.92	49.15
P-10	160.66	291.28	85.28	150.62	55.38
P-11	164.34	404.64	79.49	246.42	78.73
P-12	167.14	398.51	86.64	216.27	95.60
P-13	174.10	355.75	118.55	162.03	75.17
P-14	174.69	383.36	116.19	178.24	88.93
P-15	175.37	360.93	117.76	132.83	80.45

表 8-2　垂直层理加载的破碎能耗计算结果

编号	应变率/s^{-1}	入射能/J	反射能/J	透射能/J	耗散能/J
C-1	119.06	297.25	39.48	188.8	68.97
C-2	122.52	369.22	46.43	204.2	118.59
C-3	128.29	421.97	44.00	280.75	97.22
C-4	132.08	277.43	56.03	142.66	78.75
C-5	132.88	276.11	51.53	154.70	69.88
C-6	136.83	296.64	57.47	156.57	82.60
C-7	147.51	430.15	58.00	274.31	97.85
C-8	149.71	491.79	63.64	334.02	94.13
C-9	151.09	420.43	67.28	239.59	113.56
C-10	157.20	457.11	72.25	282.47	102.39
C-11	162.99	383.17	81.56	199.83	101.77
C-12	165.07	296.22	97.09	114.36	84.75
C-13	169.14	375.52	82.60	208.33	84.59
C-14	174.82	438.41	97.63	216.91	123.87
C-15	175.91	342.75	119.64	121.03	102.08

从图 8-1 可以看出，两种层理条件下页岩的耗散能量均随入射能量的增大而增大，耗散能与入射能有一定的线性关系，表明页岩破裂的耗散能在入射能中占比相对恒定。

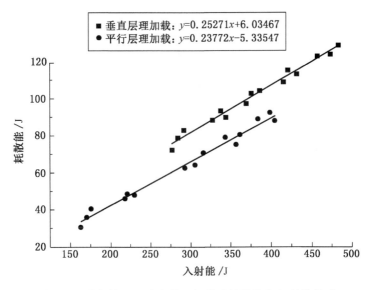

图 8-1 平行层理、垂直层理加载时耗散能与入射能关系

从图 8-2 可以看出，页岩平行层理加载、垂直层理加载两种情况下页岩试件的耗散能均随着应变率的提高而增大。这是由于随着应变率的提高，页岩试件中会产生更多数目的新裂纹，试件吸收的耗散能就越多，可见，应变率的增大可以增强页岩试样的破碎效果。

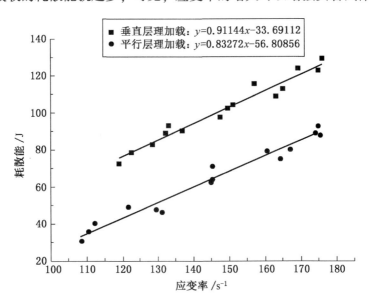

图 8-2 页岩平行层理、垂直层理加载时耗散能与应变率关系

结合图 8-1 和图 8-2，在入射能相同的情况下，垂直层理的页岩试件所吸收的能量大于平行理的页岩试件所吸收的能量，体现出吸收能量能力的层理差异性，其主要与页岩内沉积层理、层状薄片矿物、有机质的分布和排列有关。垂直层理的页岩试件吸收能量的能力越强，内部裂纹扩展的数目就越多，破碎程度也就更大。

8.3　页岩动态压缩分形特性

页岩破裂后块体的分布特征是岩石力学中的一个重要的研究方向，这一研究对岩石破碎方法、破碎机制有着至关重要的指导作用，是一个全新的岩石力学研究领域。通过对平行层理、垂直层理的页岩试件动态压缩后的破碎块体进行统计、分析，得到页岩试样的平均破碎块度，并分析应变率、入射能、吸收能与平均破碎块度间的内在关系。由于岩石这种特殊材料的不均匀性和各向异性，以均匀性、连续性、各向同性为基本假定的经典力学理论在某些方面已不再适用。为了研究岩石中变形、破坏等复杂的力学行为，可以借助一些新的理论和分析方法。接下来运用分形理论，引入分形维数 D，从统计学角度反映页岩试件破碎程度的特征，从而得出一些规律。分形理论已经被广泛应用于岩石力学的研究中，并取得了许多成果。

8.3.1　分形理论概述

分形几何的产生源于两个数学问题，一是函数的可微性问题，二是维数问题。它的基本概念是分数维数，数字特征是幂律关系，几何或物理特征是自相似性。它适用于描述自然界中一切不规则的、杂乱无章的现象，并提出了一种定量化的描述方法。分形几何是一门以不规则几何形态为研究对象的几何学。自然界中普遍存在不规则现象，所以分形几何学又可以被称为描述大自然的几何学。分形几何学建立以后，引起了各学科领域的关注。分形几何不仅在理论上，而且在实用上都具有重要价值[112]。

分形理论是法国数学家 Mamlelbort 在 20 世纪 70 年代创建的一门研究学科，主要以不规则、复杂无序而又存在某种内在联系的几何形态为研究对象，与传统几何中的整形概念相对，是在传统几何空间基础上的一个重大提升。它可以更加准确地描述自然界中物体、现象的特点、本质。Mamlelbort 提出：自然界中大多数几何对象都以分形的形式存在，不存在绝对意义的整形。

自相似性是分形理论的重要特性，系统的自相似性是：根据不同的时间尺度和空间尺度，自然界中结构、过程的特征都存在相似性。具体表现在，某系统（某结构）的局部性质与整体性质相似，另外，部分与部分间也会存在自相似。自相似的表现形式相对复杂，并不是对局部进行一定倍数的放大后和整体全部重合，这改变的只是系统的外部表现形式，系统（结构）的形态、复杂性、不规则程度，不会因为放大或者缩小等行为而产生变化。分形可以依照自相似性的程度，来划分为有规分形和无规分形：有规分形是指描述对象的自相似性程度非常高，能够通过数学模型来描述；无规分形是具有统计学意义上的分形。

维数是几何中重要的参量，用来表示空间中某一点所处位置所用到的独立坐标数目。传统的欧式几何中一般采用整数来表示维数，例如，直线用一维表示，平面用二维表示，空间用三维表示。分形几何中维数不一定用整数来表示，可以是分数。虽然分形对象变化多样，但它们有着共同的特征，即可以通过分形维数来表征研究对象的不规则程度。分形理论为复杂的岩石力学行为提供了新的研究思路和研究方法，在矿物开采领域可以为如何控制、优化岩石破碎块度提供更加科学、准确的依据。

8.3.2　页岩平均破碎块度与分形维数计算

把动态冲击试验后的页岩破碎产物收集起来，结合破碎后的碎块大小情况，本次筛分采用筛孔尺寸为 2.36 mm、4.75 mm、9.5 mm、16 mm、19 mm、26.5 mm、31.5 mm、37.5 mm、53 mm 的标准筛，对每块页岩试样破碎后不同粒径的破碎块体进行实验室筛分，并将破碎块体尺寸分为 10 个等级。相关试验照片如图 8-3、图 8-4 所示。利用高灵敏度的电子计量秤对筛分后每级筛子筛上累计的块体质量进行称量并记录数据，进行块度粒径分析，见表 8-3、表 8-4。

1) 平均破碎块度计算方法

为了更加直观准确地对页岩试样破碎后块体粒径的分布规律进行表示，可以引入平均破碎块度这一物理量。

平均破碎块度计算公式：

$$\bar{d} = \frac{\sum (r_i d_i)}{\sum r_i} \tag{8-5}$$

图 8-3　实验室振动筛

图 8-4　页岩试样筛分示例

表8-3 平行层理冲击页岩的块度筛分和分形维数计算结果

试样编号	筛分尺寸/mm									碎块平均尺寸/mm	分形维数
	2.36	4.75	9.5	16	19	26.5	31.5	37.5	53		
P-1	9.2	19.4	23.7	11.2	24.2	44.96	0	68.82	197.31	51.31	1.83302
P-2	3.2	10.6	12.10	16.20	0	21.4	44.83	53.47	235.41	53.16	1.76667
P-3	0.04	0.5	1.24	7.5	34.2	23.81	39.86	79.11	204.4	51.79	1.80053
P-4	1.2	1.8	2.9	4.5	21.14	20.55	0	157.86	183.52	43.85	1.90649
P-5	0.21	2.98	2.5	14.86	15.27	22.4	35.6	141.96	162.67	41.19	1.95328
P-6	1.4	3.5	8.9	36.9	21.68	34	52.5	116.11	126.25	40.58	1.97959
P-7	1.34	1.52	3.25	5.11	24.42	0	127.22	236.05	0	35.82	2.05452
P-8	2.80	6.30	6.2	7.5	32.5	18.02	99.04	226.70	0	34.36	2.05726
P-9	0.56	2.31	3.31	9.14	17.96	20.56	70.65	279.87	0	37.45	2.03947
P-10	1.80	2.3	8.3	12.03	15.24	108.03	41.28	175.20	0	30.17	2.12368
P-11	0.31	0.13	0.52	25.09	94.34	39.88	30.32	201.26	0	32.52	2.09512
P-12	10.8	12.3	18.1	25.5	15.15	52.3	60.17	185.64	0	31.46	2.10597
P-13	0.22	3.58	38.47	55.52	129.85	16.36	23.42	132.80	0	27.42	2.15067
P-14	13.90	29.6	35	16.4	64.7	32.7	79.57	134.35	0	28.34	2.14209
P-15	4.60	18.60	12.67	16.10	27.43	16.30	161.92	129.28	0	25.95	2.15218

表8-4 垂直层理加载的破碎能耗计算结果

试样编号	筛分尺寸/mm									碎块平均尺寸/mm	分形维数
	2.36	4.75	9.5	16	19	26.5	31.5	37.5	53		
C-1	0.36	4.28	5.62	1.94	7.88	12.32	27.20	169.81	174.05	46.43	1.89021
C-2	0.19	0.12	9.67	0	17.18	11.82	96.99	104.43	161.10	45.60	1.92054
C-3	0.82	0.35	2.16	7.92	19.73	26.39	79.97	132.77	158.26	43.28	1.95302
C-4	1.05	3.26	7.12	17.02	56.66	29.13	27.28	247.77	0	38.45	2.04689
C-5	0.21	1.87	2.23	8.12	10.59	22.85	122.85	226.08	0	37.23	2.07603
C-6	1.15	2.81	3.43	28.15	24.55	0	127.10	201.11	0	35.49	2.12968
C-7	2.26	1.45	3.31	15.19	72.25	45.92	64.13	192.45	0	32.85	2.20452
C-8	1.11	3.05	5.02	30.65	11.15	16.82	116.58	177.38	0	31.46	2.25927
C-9	1.82	2.98	3.96	7.62	16.35	29.75	172.67	160.53	0	33.25	2.18946
C-10	1.38	2.75	5.37	25.99	13.76	19.78	198.06	125.81	0	30.17	2.27005
C-11	1.55	5.33	7.09	9.75	38.57	63.44	147.68	122.13	0	29.52	2.29582
C-12	1.09	3.57	4.13	17.01	75.46	91.56	120.90	79.75	0	27.46	2.32816
C-13	13.93	12.15	18.26	19.52	29.82	130.06	116.52	54.49	0	25.42	2.33209
C-14	10.52	15.86	14.62	24.31	32.60	130.34	119.39	47.65	0	23.95	2.34067
C-15	14.16	23.12	12.79	32.56	67.19	90.57	108.03	40.47	0	22.34	2.34218

式中　　$\bar{d}$ ——某一页岩试样在冲击破碎后的平均粒径大小；

　　　　d_i ——筛分试验后筛上累计的破碎块体的平均粒径尺寸大小；

　　　　r_i —— d_i 尺寸对应的破碎块体的质量占比。

假定破碎块体的粒径最大值取值为试样的直径 75 mm，最小值取值为 0 mm，则 d_i 取值分别是 64 mm、45.25 mm、34.5 mm、29 mm、22.75 mm、17.5 mm、12.75 mm、7.125 mm、3.555 mm、1.18 mm。

2）分形维数计算方法

页岩在受到外力冲击后，内部缺陷不断发育、扩展、贯穿，最后发展成为宏观破裂，这个破坏的过程中同时也伴随能量耗散。这一过程中，微小的裂隙演变发展成为小的裂纹，小裂纹群体再集中发展形成断裂面，最终形成宏观破裂。试验研究表明，岩石裂纹的密度、破坏形态、破裂机制都具有较好的自相似性。分形作为一个新的研究手段，能够从定量的角度对破碎块体的块度进行表征。

从分形的角度分析，岩石破裂后块体局部的破裂形状与经过放大后的断裂形状相似，也就是说，岩石破裂后的各种几何形状都具有自相似性。岩石破碎产物的块度分布具有分形性主要有两个方面的原因，一方面，对岩石破坏的微观结构进行分析得知，岩石微观结构中存在的裂隙为分形分布，裂隙又逐步发展直至形成碎块；另一方面，试验研究表明，岩样形状与破裂过程存在自相似性，破碎产物分布具有统计学意义上的分形特征。由于岩石内部结构存在分形孔隙，所以破碎块体的分布同样具有分形特性。

假设在冲击试验前后，岩石块体的破裂模型体积不变，每次构成时，将原有块体以概率 p、相似比 r（$0 < r < 1$）分裂为次一级块体，重复进行以至无穷。于是，可以产生一系列大小不等的具有相似形状的岩块群体。这个过程中构造成次一级的繁衍量 $N = (1/r)p$，那么，岩块集合的维数 D 为：

$$D = \frac{\lg N}{\lg(1/r)} = 3 - \frac{\lg N}{\lg r} \tag{8-6}$$

若岩石块体最初由 Q 个线尺寸为 x_q 的源块体组成，各源块体的体积为：

$$V = C_V x_q^3 \tag{8-7}$$

式中　　C_V ——体积形状系数。

那么，全部的源块体在 j 次分形构造后产生的第 j 级破碎块体的线尺寸表达式为：

$$x_j = r^j x_q \quad (j = 0, 1, \cdots) \tag{8-8}$$

块体的数量为：

$$N_k = [(1/r)^3 p]^j (1-p)Q \tag{8-9}$$

结合式（8-7）、式（8-8）、式（8-9），可以推导出第 j 级块体的体积公式为：

$$v_k = C_V x_j^3 N_j = C_V x_q^3 f_k (1-p)Q \tag{8-10}$$

由此可得，线尺寸小于或等于 x_i 的破碎块体的总体积为：

$$V_i = \lim_{p \to \infty} \sum_{k=i}^{j} v_k = C_V x_q^3 p^i Q \tag{8-11}$$

结合上述公式分析，全部破碎块体的体积总和为：

$$V = C_V \, x_q^3 p^i Q \qquad (8-12)$$

由此可得，破碎块体线尺寸小于或等于 x_i 的块体体积和（质量和）占总体积（总质量）的比例为：

$$y_i = \frac{V_i}{V} = \frac{M_i}{M} = p^i \qquad (8-13)$$

由式（8-8）可得：

$$i = \lg(x_i/x_q)/\lg r \qquad (8-14)$$

$$\lg p^{\lg(x_i/x_q)/\lg r} = \left[\lg(x_i/x_q)/\lg r\right]\lg p = \lg(x_i/x_q)^{\lg p/\lg r} \qquad (8-15)$$

结合式（8-14）可得：

$$p^{\lg(x_i/x_q)/\lg r} = (x_i/x_q)^{\lg p/\lg r} \qquad (8-16)$$

所以，结合式（8-5）、式（8-12）、式（8-13）、式（8-15），可以得到：

$$y_i = \left(\frac{x_i}{x_q}\right)^{3-D} \qquad (8-17)$$

对式（8-17）两边取对数，可得：

$$\lg y_i = \lg\left(\frac{M_i}{M}\right) = (3-D)\lg\left(\frac{x_i}{x_q}\right) \qquad (8-18)$$

结合式（8-18），可以得出：通过得到 $\lg\left(\dfrac{M_i}{M}\right) - \lg x$ 的拟合直线，直线的斜率就是 $(3-D)$。

8.3.3 平均破碎块度与应变率的关系

对试验后处理的数据进行整理，分别对页岩平行层理、垂直层理动态加载冲击下的均破碎块度与应变率进行拟合，得到关系曲线，如图 8-5 所示。

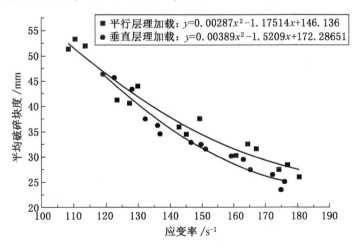

图 8-5 页岩平行层理、垂直层理动态压缩加载的平均破碎块度与应变率关系

图 8-5 给出了页岩平行层理、垂直层理冲击两种情况下的平均破碎块度随应变率的变化情况，可以直观反映出页岩试样的冲击破坏情况。从图 8-5 可以看出，在不同的气压冲击下，不同应变率下的页岩试样破坏后的破坏尺寸分布不同。平行层理和垂直层理动态冲

击压缩破坏后碎块的平均破碎块度均随着应变率的增大迅速减小，曲线近似符合二次多项式函数关系，曲线的斜率逐渐减小，随着应变率的增大，对平均破碎块度的减小的影响越小。

8.3.4 平均破碎块度与入射能、耗散能的关系

将试验后处理的数据进行整理，分别将页岩平行层理、垂直层理动态加载冲击下的入射能、耗散能与平均破碎块度的数据进行拟合，可得到拟合关系曲线如图 8-6 ~ 图 8-9 所示。

图 8-6 ~ 图 8-9 分别给出了页岩平行层理、垂直层理冲击两种情况下的平均破碎块度随入射能（或耗散能）的变化情况，通过对上图分析可以得知，平行层理和垂直层理动态冲击压缩破坏后碎块的平均破碎块度均随着入射能（或耗散能）的增加而减小，拟合曲线

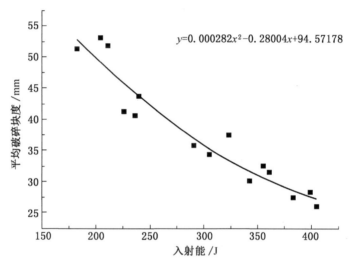

$y = 0.000282x^2 - 0.28004x + 94.57178$

图 8-6 页岩平行层理动态压缩平均破碎块度与入射能关系

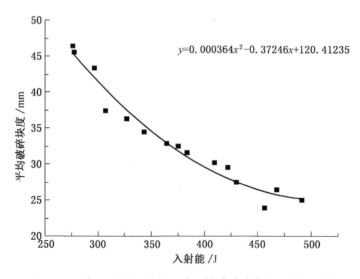

$y = 0.000364x^2 - 0.37246x + 120.41235$

图 8-7 页岩垂直层理动态压缩平均破碎块度与入射能关系

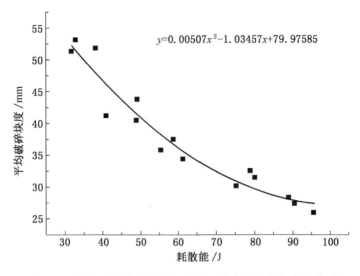

图 8-8 页岩平行层理动态压缩平均破碎块度与耗散能关系

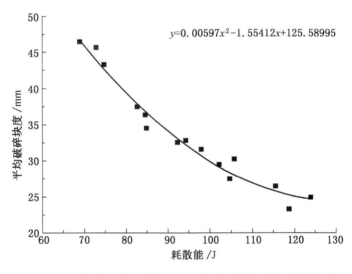

图 8-9 页岩垂直层理动态压缩平均破碎块度与耗散能关系

的斜率逐渐减小，表明：平均破碎块度随着入射能（或耗散能）的增加而减小的变化率逐渐放缓。页岩试样的宏观破裂与试样吸收的能量（或耗散能）之间的关系比较紧密，随着入射能的增加，试样所吸收的耗散能越大，产生的裂纹数目越多，破碎后产生的块体数目越多，试样破碎后的尺寸越小。

对比以上图线可以看出，页岩垂直层理动态压缩平均破碎块度与入射能（或耗散能）的拟合关系曲线的斜率较大，表明：与页岩平行层理动态压缩相比，页岩垂直层理动态压缩的平均破碎块度减小随入射能（或耗散能）的增加变化更明显，破碎块体尺寸更小。

8.3.5 分形维数与耗散能的关系

将试验后处理的数据进行整理，分别将页岩平行层理、垂直层理动态加载冲击下的破裂耗散能与破碎块体的分形维数进行拟合，可得到拟合关系曲线，如图 8-10 所示。

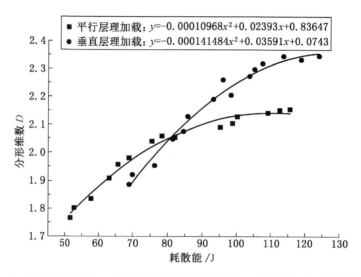

图 8-10　页岩平行层理、垂直层理动态压缩加载的分形维数与破裂耗散能关系

　　通过对图 8-10 进行分析可以得知，页岩试样在平行层理和垂直层理加载过程中的破裂耗散能与破裂后岩石块体的分形维数之间成正相关的关系，且符合二次多项式函数，分形维数随试样破坏过程中耗散能的增加而增大，可以分析出：页岩试样破裂过程中消耗的能量越多，对应的分形维数越大，试样的破裂块度就越小，破裂后的块体数目更多。从图 8-10 中可以看出，曲线的斜率均在变小，表明增加的速率在减缓，最终靠近一个极限值，表明随着耗散能的增加，对分形维数变化的影响逐渐减弱。对比图 8-10 中的曲线可以看出，页岩垂直层理动态压缩破坏的分形维数与耗散能的拟合关系曲线的斜率较大，表明：与页岩平行层理动态压缩，页岩垂直层理动态压缩的分形维数减小随入射能（耗散能）的增加变化更明显，破碎程度的变化受耗散能增加更明显。

参 考 文 献

[1] 陈军斌. 页岩气储层液体火药高能气体压裂增产关键技术研究 [M]. 北京：科学出版社，2017.

[2] Hopkinson J. On the rupture of iron wire by a blow [C] //Proceedings of the Literary and Philosophical Society of Manchester, 1872, 11: 40-45.

[3] Hopkinson B. A method of measuring the pressure produced in the detonation of high explosives or by the impact of bullets [C] //Containing Papers of a Mathematical or Physical Character. London: Philosophical Transactions of the Royal Society, 1914, A213: 437-456.

[4] Davies R M. A critical study of the Hopkinson pressure bar [J]. Philosophical Transactions of the Royal social of the Royal Society of London. Series A. Mathematical Physical & Engineering Sciences, 1948, 240 (821): 325-457.

[5] Kolsky H. An investigation of the mechanical properties of materials at very high rates of loading [J]. Proceedings of the Physical Society. Section B, 1949, 62 (11): 676-700.

[6] 胡时胜，王礼立，宋力，等. Hopkinson 压杆技术在中国的发展回顾 [J]. 爆炸与冲击，2014, 34 (6): 641-657.

[7] 陈强，王志亮. 分离式霍普金森压杆在岩石力学实验中的应用 [J]. 实验室研究与探索，2012, 31 (11): 146-149.

[8] Frew D J, Forrestal M J, Chen W. A SHPB technique to determine to compressive stress strain data for rock materials [J]. Energetic Materials, 2002, 42 (1): 40-46.

[9] 李丹，戚伟伟，王艳华. 基于 SHPB 的花岗岩应变率效应分析 [J]. 河北北方学院学报（自然科学版），2016, 32 (09): 29-35.

[10] 翟越，马国伟，赵均海，等. 花岗岩在单轴冲击压缩荷载下的动态断裂分析 [J]. 岩土工程学报，2007, (3): 385-390.

[11] 吕晓聪，许金余，葛洪海，等. 围压对砂岩动态冲击力学性能的影响 [J]. 岩石力学与工程学报，2010, 29 (01): 193-201.

[12] 武宇，刘殿书，张青成，等. 低速冲击作用下石灰岩动态损伤力学特性研究 [J]. 河南理工大学学报（自然科学版），2017, 36 (06): 139-144.

[13] 平琦，马芹永，张经双，等. 高应变率下砂岩动态拉伸性能 SHPB 试验与分析 [J]. 岩石力学与工程学报，2012, 31 (S1): 3363-3369.

[14] Frantz C E, Follansbee P S, Wright W J. New experimental techniques with the split Hopkinson pressure bar [C] //The 8th International Conference on High Energy Rate Fabrication, San Antonio, 1984: 17-21.

[15] 王礼立，王永刚. 应力波在用 SHPB 研究材料动态本构特性中的重要作用 [J]. 爆炸与冲击，2005, 25 (1): 17-26.

[16] 孟益平，胡时胜. 混凝土材料冲击压缩试验中的一些问题 [J]. 实验力学，2003, 18 (1): 108-112.

[17] Chen R, Xia K, Dai F, Lu F, et al. Determination of dynamic fracture parameters using a semi-circular bend technique in split Hopkinson pressure bar testing [J]. Engng Fract Mech, 2009; 76: 1268-1276.

[18] Dai F, Chen R, Xia K. A semi-circular bend technique for determining dynamic fracture toughness [J]. Exp Mech 2010; 50: 783-791.

[19] Dai F, Xia K. Laboratory measurements of the rate dependence of the fracture toughness anisotropy of Barre granite [J]. Int J Rock Mech Min Sci 2013; 60: 57-65.

[20] Q B Zhang, J Zhao. Effect of loading rate on fracture toughness and failure micromechanisms in marble [J]. Engineering Fracture Mechanics, 2013; 102: 288-309.

[21] Zhang Q. B, Zhao J. Quasi-static and dynamic fracture behaviour of rock materials: phenomena and mechanisms [J]. Int J Fract 2014; 189: 1–32.

[22] 李战鲁, 王启智. 加载速率对岩石动态断裂韧性影响的实验研究 [J]. 岩石力学与工程学报, 2006, 28 (12): 2117–2120.

[23] 满轲, 周宏伟. 不同赋存深度岩石的动态断裂韧性与拉伸强度研究 [J]. 岩石力学与工程学报, 2010, 29 (08): 1657–1663.

[24] 苟小平, 杨井瑞, 王启智. 基于 P-CCNBD 试样的岩石动态断裂韧性测试方法 [J]. 岩土力学, 2013, 9 (34): 2450–2467.

[25] 杨井瑞, 张财贵, 周妍, 等. 用 SCDC 试样测试岩石动态断裂韧度的新方法 [J]. 岩石力学与工程学报, 2015, 34 (02): 279–292.

[26] Jaeger J C. Shear failure of anisotropic rock [J]. Geological Magazine, 1960, 97 (1): 65–72.

[27] Tien Y M, Kuo M C. A failure criterion for transversely isotropic rocks [J]. International Journal of Rock Mechanics and Mining Sciences, 2001, 38 (3): 399–412.

[28] Tien Y M, Kuo M C, Juang C. An experimental investigation of the failure mechanism of simulated transversely isotropic rocks [J]. International Journal of Rock Mechanics and Mining Sciences, 2006, 43 (8): 1163–1181.

[29] Ramamurthy T. Strength, modulus responses of anisotropic rocks [J]. Compressive Rock Engineering, 1993, (1): 313–329.

[30] Taliercio A, Landriani G S. A failure condition for layered rock [J]. International Journal of Rock Mechanics and Mining Sciences & Geomechanics Abstracts, 1988, 25 (5): 299–305

[31] André Vervoort, Ki-Bok Min, Heinz Konietzky. Failure of transversely isotropic rock under Brazilian test conditions [J]. International Journal of Rock Mechanics and Mining Sciences, 2014, 70: 343–352.

[32] Jung-Woo Cho, Hanna Kim, Seokwon Jeon, et al. Deformation and strength anisotropy of Asan gneiss, Boryeong shale, and Yeoncheon schist [J]. International Journal of Rock Mechanics and Mining Sciences, 2012, 50: 158–169.

[33] Vernik L, Nur A. Ultrasonic velocity and anisotropy of hydrocarbon source rocks [J]. Geophysics, 1992, 57 (5): 727–735.

[34] Niandou H, Shao J F, Henry J P, et al. Laboratory investigation of the mechanical behaviour of Tournemire shale [J]. International Journal of Rock Mechanics and Mining Sciences, 1997, 34 (1): 3–16.

[35] Kuila U, Dewhurst D N, Siggins A F, et al. Stress anisotropy and velocity anisotropy in low porosity shale [J]. Tectonophysics, 2011, 503 (1): 34–44.

[36] T W Lo, K B Coyner, MN Toksoz. Experimental determination of elastic anisotropy of Berea sandstone, Chicopee shale, and Chelmsford granite [J]. Geophysics, 1985, 51 (1): 164–171.

[37] J W Cho, H Kim, S Jeon, et al. Deformation and strength anisotropy of Asan gneiss, Boryeong shale, and Yeoncheon schist [J]. International Journal of Rock Mechanics & Mining Sciences, 2012, 50 (2): 158–169.

[38] P L Wasantha, PG Ranjith, SS Shao. Energy monitoring and analysis during deformation of bedded-sandstone: Use of acoustic emission [J]. Ultrasonics, 2014, 54 (1): 217–226.

[39] Rybacki E, Reinicke A, Meier T, et al. What controls the mechanical properties of shale rocks? –Part I: Strength and Young's modulus [J]. Journal of Petroleum Science and Engineering, 2015, 135: 702–722.

[40] 赵文瑞. 泥质粉砂岩各向异性强度特征 [J]. 岩土工程学报, 1984 (01): 32–37.

[41] 冒海军, 杨春和. 结构面对板岩力学特性影响研究 [J]. 岩石力学与工程学报, 2005 (20): 53–58.

［42］ 黎立云，宁海龙，刘志宝，等. 层状岩体断裂破坏特殊现象及机制分析［J］. 岩石力学与工程学报，2006，25（增2）：3933-3938.

［43］ 高春玉，徐进，李忠洪，等. 雪峰山隧道砂板岩各向异性力学特性的试验研究［J］. 岩土力学，2011，32（05）：1360-1364.

［44］ 李庆辉，陈勉，金衍. 含气页岩破坏模式及力学特性的试验研究［J］. 岩石力学与工程学报，2012，31（S2）：3763-3771.

［45］ 陈天宇，冯夏庭，张希巍，等. 黑色页岩力学特性及各向异性特性试验研究［J］. 岩石力学与工程学报，2014，33（09）：1772-1779.

［46］ 衡帅，杨春和，郭印同，等. 层理对页岩水力裂缝扩展的影响研究［J］. 岩石力学与工程学报，2015，34（02）：228-237.

［47］ 侯鹏，高峰，张志镇，等. 黑色页岩力学特性及气体压裂层理效应研究［J］. 岩石力学与工程学报，2016，35（04）：670-681.

［48］ Yang L M, Shim V P W. An analysis of stress uniformity in split Hopkinson bar test specimens［J］. International Journal of Impact Engineering, 2005, 31（2）：129-150.

［49］ Frantz C E, Follansbee P S, Wright W J. New experimental techniques with the split Hopkinson pressure bar［C］//The 8th International Conference on High Energy Rate Fabrication, San Antonio, 1984：17-21.

［50］ Davies E D H, Hunter S C. The dynamic compression testing of solids by the method of the splite Hopkinson bar［J］. Journal of the Mechanics and Physics of Solids, 1963, 11（3）：155-179.

［51］ Samanta S K. Dynamic deformation of aluminium and copper at elevated temperature［J］. Journal of tlie Mechanics and Physics of Solids, 1971, 19（3）：117-135.

［52］ 李夕兵，古德生. 岩石冲击动力学［M］. 长沙：中南工业大学出版社，1994.

［53］ 陶俊林，陈裕泽，田常津，等. SHPB系统圆柱形试件的惯性效应分析［J］. 固体力学学报，2005（01）：107-110.

［54］ 宫凤强，李夕兵，饶秋华，等. 岩石SHPB试验中确定试样尺寸的参考方法［J］. 振动与冲击，2013，32（17）：24-28.

［55］ 施绍裘，王礼立. 材料在准一维应变下被动围压的SHPB试验方法［J］. 实验力学，2000（04）：377-384.

［56］ 平琦，马芹永，卢小雨，等. 被动围压条件下岩石材料冲击压缩试验研究［J］. 振动与冲击，2014，33（02）：55-59.

［57］ 李祥龙，刘殿书，冯明德，等. 钢质套筒被动围压下混凝土材料的冲击动态力学性能［J］. 爆炸与冲击，2009，29（05）：463-467.

［58］ 吕晓聪，许金余，葛洪海，等. 围压对砂岩动态冲击力学性能的影响［J］. 岩石力学与工程学报，2010，29（01）：193-20

［59］ 胡永全，贾锁刚，赵金州，等. 缝网压裂控制条件研究［J］. 西南石油大学学报：自然科学版，2013，35（4）：126-132.

［60］ 唐颖，唐玄，王广源，等. 页岩气开发水力压裂技术综述［J］. 地质通报，2011，30：393-399.

［61］ 邹才能，董大忠，王社较，等. 中国页岩气形成机制、地质特征及资源潜力［J］. 石油勘探与开发，2010，37（6）：641-653.

［62］ 陈勉，庞飞，金衍. 大尺寸真三轴水力压裂模拟分析［J］. 岩石力学与工程学报，2000，19（增）：868-872.

［63］ Soliman M Y, Halliburton S. Interpretation of pressure behavior of fractured, deviated, and horizontal wells［J］. SPE, 1990, 10：7-15.

［64］Zhou Y X, Xia K W, Li X B, et al. Suggested method for determining the dynamic strength parameters and mode-I fracture toughness of rock materials ［J］. International Journal of Rock Mechanics and Mining Sciences, 2012, 49: 105-112.

［65］Q B Zhang, J Zhao. Effect of loading rate on fracture toughness and failure micromechanisms in marble ［J］. Engineering Fracture Mechanics, 2013; 102: 288-309.

［66］Foster J T, Chen W, Luk V K. Dynamic crack initiation toughness of 4340 steel at constant loading rates ［J］. Eng Fract Mech, 2011, 78 (6): 1264-1276.

［67］Owen DM, Zhuang S, Rosakis AJ, Ravichandran G. Experimental determination of dynamic crack initiation and propagation fracture toughness in thin aluminum sheets. Int J Fract 1998; 90: 153-174.

［68］Xia K, Chalivendra VB, Rosakis AJ. Observing ideal self-similar crack growth in experiments. Engng Fract Mech 2006; 73 (18): 2748-2755.

［69］Zhang Q B, Zhao J. Quasi-static and dynamic fracture behaviour of rock materials: phenomena and mechanisms. Int J Fract 2014; 189: 1-32.

［70］Zhang Q B, Zhao J. A Review of Dynamic Experimental Techniques and Mechanical Behaviour of Rock Materials. Int J Fract 2014: 47: 1411-1478.

［71］Chen R, Xia K, Dai F, et al. Determination of dynamic fracture parameters using a semi-circular bend technique in split Hopkinson pressure bar testing. Engng Fract Mech 2009; 76: 1268-1276.

［72］Dai F, Xia K, Zheng H, Wang YX. Determination of dynamic rock mode-I fracture parameters using cracked chevron notched semi-circular bend specimen ［J］. Eng Fract Mech 2011, 78 (15): 2633-2644.

［73］Ravi-Chandar K. Dynamic fracture ［M］. Amsterdam: Elsevier Science, 2004.

［74］李夕兵, 古德生. 岩石冲击动力学 ［M］. 长沙: 中南工业大学出版社, 1994.

［75］Lundberg B. A split Hopkinson bar study of energy absorption in dynamic rock fragmentation ［J］. Int J Rock Mech Min Sci Geomech Abstr, 1976, 13 (6): 187-197.

［76］Zhang Q B, Zhao J. Quasi-static and dynamic fracture behaviour of rock materials: phenomena and mechanisms ［J］. Int J Fract, 2014, 189: 1-32.

［77］Ravi-Chandar K Dynamic fracture ［M］. Amsterdam: Elsevier Science, 2004.

［78］Dai F, Xia K, Zheng H, Wang YX. Determination of dynamic rock mode-I fracture parameters using cracked chevron notched semi-circular bend specimen ［J］. Eng Fract Mech, 2011, 78 (15): 2633-2644.

［79］Dai F, Chen R, Iqbal MJ, Xia K. Dynamic cracked chevron notched Brazilian disc method for measuring rock fracture parameters ［J］. Int J Rock Mech Min, 2010, 47 (4): 606-613.

［80］Zhou Y X, Xia K W, Li X B, et al. Suggested method for determining the dynamic strength parameters and mode-I fracture toughness of rock materials ［J］. International Journal of Rock Mechanics and Mining Sciences, 2012, 49: 105-112.

［81］Chen R, Xia K, Dai F, Lu F, et al. Determination of dynamic fracture parameters using a semi-circular bend technique in split Hopkinson pressure bar testing ［J］. Engng Fract Mech, 2009, 76: 1268-1276.

［82］Dai F, Xia K, Zheng H, Wang YX. Determination of dynamic rock mode-I fracture parameters using cracked chevron notched semi-circular bend specimen ［J］. Eng Fract Mech, 2011, 78 (15): 2633-2644.

［83］Zhang Q B, Zhao J. Quasi-static and dynamic fracture behaviour of rock materials: phenomena and mechanisms ［J］. Int J Fract, 2014, 189: 1-32.

［84］BAHAT. Tecnoto-fractography ［M］. Berlin: Springer-Verlag, 1991.

［85］上海交通大学《金属断口分析》编写组. 金属断口分析 ［M］. 北京: 国防工业出版社, 1979.

［86］崔约贤, 王长利. 金属断口分析 ［M］. 哈尔滨: 哈尔滨工业大学出版社, 1998.

［87］ 吕伍杨 . 温度对岩石物理力学特性的影响研究 ［J］. 内蒙古科技与经济，2018 (07)：68，70.

［88］ T Funatsu, M Seto, H Shimada, et al. Combined effects of increasing temperature and confining pressure on the fracture toughness of clay bearing rocks ［J］. International Journal of Rock Mechanics and Mining Sciences, 2004, 41 (6).

［89］ 朱振南，田红，董楠楠，等 . 高温花岗岩遇水冷却后物理力学特性试验研究 ［J］. 岩土力学，2018，39 (S2)：169-176.

［90］ 张志镇，高峰，高亚楠，等 . 高温影响下花岗岩孔径分布的分形结构及模型 ［J］. 岩石力学与工程学报，2016，35 (12)：2426-2438.

［91］ 梁鹏，张艳博，田宝柱，等 . 高温后大理岩各向异性响应特征研究 ［J］. 煤矿开采，2017，22 (02)：15-18.

［92］ 吴刚，孙红，翟松韬 . 高温岩石的扰动状态本构模型 ［J］. 冰川冻土，2016，38 (04)：875-879.

［93］ M Masri, M Sibai, J F Shao, et al. Experimental investigation of the effect of temperature on the mechanical behavior of Tournemire shale ［J］. International Journal of Rock Mechanics and Mining Sciences, 2014：70.

［94］ Tubing Yin, Shuaishuai Zhang, Xibing Li, et al. A numerical estimate method of dynamic fracture initiation toughness of rock under high temperature ［J］. Engineering Fracture Mechanics, 2018.

［95］ 闵明，张强，蒋斌松，等 . 高温下北山花岗岩劈裂试验及声发射特性研究 ［J/OL］长江科学院院报：1-7 ［2019-06-06］.

［96］ 刘石，许金余 . 高温作用对花岗岩动态压缩力学性能的影响研究 ［J］. 振动与冲击，2014，33 (04)：195-198.

［97］ 高红梅，兰永伟，赵延林，等 . 温度加载过程中花岗岩缺陷处局部应力和能量的变化规律 ［J］. 太原理工大学学报，2018，49 (04)：551-558.

［98］ 曾严谨，荣冠，彭俊，等 . 高温循环作用后大理岩裂纹扩展试验研究 ［J］. 岩土力学，2018，39 (S1)：220-226.

［99］ 张连英，茅献彪，孙景芳，等 . 高温状态下大理岩力学性能实验研究 ［J］. 重庆建筑大学学报，2008，30 (06)：46-50.

［100］ Yangsheng Zhao, Zhijun Wan, Zijun Feng, et al. Triaxial compression system for rock testing under high temperature and high pressure ［J］. International Journal of Rock Mechanics and Mining Sciences, 2012, 52.

［101］ L X. Xiong, H J. Chen, T B Li, et al. Experimental study on the uniaxial compressive strength of artificial jointed rock mass specimen after high temperatures ［J］. Geomechanics and Geophysics for Geo-Energy and Geo-Resources, 2018, 4 (3).

［102］ Shi Liu, Jinyu Xu. Study on dynamic characteristics of marble under impact loading and high temperature ［J］. International Journal of Rock Mechanics and Mining Sciences, 2013, 62.

［103］ 赵亚永，魏凯，周佳庆，等 . 三类岩石热损伤力学特性的试验研究与细观力学分析 ［J］. 岩石力学与工程学报，2017，36 (01)：142-151.

［104］ 杨仁树，许鹏，景晨钟，等 . 冲击荷载下层状砂岩变形破坏及其动态抗拉强度试验研究 ［J］. 煤炭学报，2019，44 (07)：2039-2048.

［105］ 曾健新，刘俊新，张永泽 . 层理效应对黑色页岩抗拉强度影响及其能量分析 ［J］. 高速铁路技术，2019，10 (02)：38-43，59.

［106］ Kinoshita S, Sato K, Kawakita M. On the mechanical behavior of rocks under impulsive loading ［J］. Bulletin of the Faculty of Engineering Hokkaido University, 1977, 83：51-62.

［107］ 于亚伦，金科学 . 高应变率下的矿岩特性研究 ［J］. 爆炸与冲击，1990，10 (3)：266-271.

[108] 郑永来，夏颂佑. 岩石黏弹性连续损伤本构模型 [J]. 岩石力学与工程学报，1996（S1）：428-432.

[109] 单仁亮，薛友松，张倩. 岩石动态破坏的时效损伤本构模型 [J]. 岩石力学与工程学报，2003（11）：1771-1776.

[110] 刘军忠，许金余，吕晓聪，等. 围压下岩石的冲击力学行为及动态统计损伤本构模型研究 [J]. 工程力学，2012，29（01）：55-63.

[111] 闫鹏洋. 喷层混凝土与围岩组合体动力性状及损伤破坏特性研究 [D]. 北京：中国矿业大学（北京），2018.

[112] 高峰，谢和平，赵鹏. 岩石块度分布的分形性质及细观结构效应 [J]. 岩石力学与工程学报，1994（03）：240-246.

[113] 许金余，刘石. 大理岩冲击加载试验碎块的分形特征分析 [J]. 岩土力学，2012，33（11）：3225-3229.

图书在版编目（CIP）数据

四川长宁—威远地区页岩动态力学特征/杨国梁，毕
京九著 . --北京：应急管理出版社，2021

ISBN 978-7-5020-8680-0

Ⅰ.①四… Ⅱ.①杨… ②毕… Ⅲ.①页岩—岩土动
力学—四川 Ⅳ.①P588.22

中国版本图书馆 CIP 数据核字（2021）第 082905 号

四川长宁—威远地区页岩动态力学特征

著　　者	杨国梁　毕京九
责任编辑	武鸿儒
责任校对	邢蕾严
封面设计	安德馨

出版发行　应急管理出版社（北京市朝阳区芍药居 35 号　100029）
电　　话　010-84657898（总编室）　010-84657880（读者服务部）
网　　址　www.cciph.com.cn
印　　刷　北京建宏印刷有限公司
经　　销　全国新华书店

开　　本　787mm×1092mm $\frac{1}{16}$　印张　$9\frac{3}{4}$　字数　228 千字
版　　次　2021 年 6 月第 1 版　2021 年 6 月第 1 次印刷
社内编号　20210123　　　　　定价　39.00 元